高等学校机械类专业教材

现代机械设计理论及方法

Modern Mechanical Design Theory and Methods

周骥平　俞　亮　邱变变　**编著**

机 械 工 业 出 版 社

本书系统地介绍了现代机械设计的思维、方法、技术，即现代机械设计的理念，内容包括设计与现代机械设计，系统化设计理论及方法、创新设计思维及技法、价值设计理论及方法、设计评价理论及方法、变型设计理论及方法等方面的知识和应用。本书可满足机械工程学科研究生在分析设计系统、总结设计规律的基础上，了解设计理论和方法的概念、主要内容，掌握必要的设计技巧和方法，开拓学习和设计思路的需求，为今后从事机械设计研究和工作提供有益的帮助。

本书在内容取舍上从机械工程学科研究生培养的实际出发，强调启发性、实用性，突出工程实践，在内容编排上遵循循序渐进的原则，努力做到深入浅出、详略得当，以利于读者了解和掌握现代机械设计的基本概念、应用理论及方法。

本书可作为高等工科院校机械工程学科硕士研究生的教材和机械类各专业高年级本科生的选修教材，也可作为从事机械设计、机电系统设计工程技术人员的参考用书。

图书在版编目（CIP）数据

现代机械设计理论及方法/周骥平，俞亮，邱变变编著. —北京：机械工业出版社，2023.8
高等学校机械类专业教材
ISBN 978-7-111-73460-4

Ⅰ.①现…　Ⅱ.①周…　②俞…　③邱…　Ⅲ.①机械设计-高等学校-教材　Ⅳ.①TH122

中国国家版本馆 CIP 数据核字（2023）第 122446 号

机械工业出版社（北京市百万庄大街 22 号　邮政编码 100037）
策划编辑：赵亚敏　　　　　　　责任编辑：赵亚敏　刘元春
责任校对：龚思文　张　薇　　　封面设计：张　静
责任印制：常天培
北京机工印刷厂有限公司印刷
2023 年 9 月第 1 版第 1 次印刷
184mm×260mm · 11 印张 · 270 千字
标准书号：ISBN 978-7-111-73460-4
定价：38.00 元

电话服务　　　　　　　　　网络服务
客服电话：010-88361066　　机　工　官　网：www.cmpbook.com
　　　　　010-88379833　　机　工　官　博：weibo.com/cmp1952
　　　　　010-68326294　　金　书　网：www.golden-book.com
封底无防伪标均为盗版　机工教育服务网：www.cmpedu.com

前　言

产品或装备是一系列科技成就的结晶，设计是使产品具备这一特征的创造性工作过程。在国内外市场竞争日趋激烈的环境下，机械设计是制造业企业实现开发新产品、提升产品技术水平、参与市场竞争的基础，企业的创新能力决定了其在国内外市场竞争格局中的地位。知悉机械设计过程各个环节、程序、规律、思维、方法，即在掌握机械设计的基本理论和技术的基础上，了解和掌握现代机械设计的思维、方法、技术（现代机械设计理念），是学生适应现代工业企业对机械类专业高级应用型人才培养以及自身适应能力增强的必然需求。

设计理论及方法是设计的基础，是人类思维的宝贵财富，是探索科学真理的钥匙。认识事物、解决问题都需要正确的方法指引。作为机械工程学科研究生培养的技术基础课程，现代机械设计理论及方法旨在帮助学生在分析设计系统、总结设计规律的基础上，了解机械设计理论和方法的概念、主要内容，掌握必要的设计技巧和方法，开拓学习和设计思路，为今后从事机械设计研究和工作提供有益的帮助。

设计理论和方法是研究设计程序、设计规律及设计中思维和工作方法的一门综合性学科。它的基础包括系统工程学、创造工程学、价值工程学、优化理论、相似理论、决策学、预测学等多种现代科学理论。同时，预测、确定方案、评价、决策、试验等各个设计环节均可借助于计算机软硬件来提高设计的质量和效率。因此，本书的编著主要从内容体系和结构体系两方面着手：在内容体系上，重点阐述系统化设计、创造性思维及技法、评价与决策方法和典型产品设计的基本理论和设计方法，使学习者了解和掌握设计过程的一般规律、设计程序以及程序中各阶段、各步骤采用的要求、法则、方法和技术；在结构体系上，先通过引导出相关的概念、原理、技术、方法，然后分别去阐述相关内容并扩展，重在与实际技术应用呼应。同时，本书围绕现代机械设计理论及方法的教学要求，注重对设计思想、设计系统、创新思维等设计全流程的系统化阐述，有利于培养学生的现代机械设计理念和创新意识，了解和掌握现代机械设计的基本概念、应用理论及方法。为全面贯彻党的教育方针，落实立德树人根本任务，本书在每章融入了课程思政教育的素材——学习延读。

本书是在对周骥平教授从事"现代机械设计理论及方法"硕士研究生课程教学 20 余年的教案与课件资料系统整理的基础上，参考近年来国内出版的有关机械设计、机械创新设计、现代机械设计方法等方面的论著、报告和教材而编著完成的。其中第一章设计与现代机械设计、第三章创新设计思维及技法由周骥平教授编著，第二章系统化设计理论及方法、第六章变型设计理论及方法由俞亮博士编著，第四章价值设计理论及方法、第五章设计评价理论及方法由邱变变博士编著。全书由周骥平进行文字统稿，邱变变进行图表的绘制。

限于编著者水平和对现代机械设计理解的局限性，且内容体系和相关问题有待于探讨与实践总结，因此，书中的缺点与错误在所难免，恳请广大读者批评指正。同时，向本书编著时所参考的资料的相关著作者表示诚挚的谢意，并希望得到他们的指教。

本书的编著得到了扬州大学出版基金的资助，在此表示衷心感谢！

编著者

于扬州

目　　录

第一章

设计与现代机械设计

设计以获取为目标前提，通过设计过程以其创造性的劳动实现人们预期的目的。在设计中应充分运用科学技术、社会学及经济学等诸方面的知识，以获得质优、价廉、有创造性的物质对象。但是要想设计一个在适用性、经济性、可靠性等方面处于较高水平的物质对象，就应当了解和掌握设计过程的一般规律、设计程序，程序中各阶段、各步骤应满足的要求、法则，以及采用的方法和技术。

设计理论和方法是研究设计程序、设计规律及设计中思维和工作方法的一门综合性学科。它的基础包括系统工程学、创造工程学、价值工程学、优化理论、相似理论、决策学、预测学等多种现代科学理论。这些理论和方法借助于计算机软硬件被应用到预测、确定方案、评价、决策、试验等各个设计环节。提高设计的质量和效率，是现代设计理论与方法的内涵要求。

第一节 概　　述

一、设计的概念

1. 设计的定义

所谓设计就是人们根据生产和生活的多种需要，对工程技术系统进行构思、分析，把设想变为现实的过程。从这个设计定义中我们不难看出以下几点：

1）设计是人类征服自然、改造自然的基本活动之一。

2）设计是创造性的劳动，设计的本质是创新。

3）设计是建立技术系统的重要环节，对工程的技术和经济效果起着决定性的作用。

2. 设计的内涵

从《现代汉语词典》对设计一词的解释可以看到其内涵：设计是在正式做某项工作之前，根据一定的目的和要求，预先制定方法、图样等。事实上，设计作为人类生物性与社会性的生存方式，其渊源是伴随"制造工具的人"的产生而产生的。同时，设计也是经验性总结。我国古代的《考工记》和古罗马老普林尼的《博物志》是设计理论的最初萌芽和起点。

3. 设计概念的扩展

从广义的角度上，可以认为设计是对发展过程的安排，包括发展的方向、程序、细节以及达到的目标。从狭义的角度上，可以把设计看作是将客观需求转化为满足该需求的技术系统的活动。此外，可以认为设计是为满足需求而进行的一种创造性思维活动的实践过程；也可以把设计看作是一种优化过程，即在给定的条件下，针对目标寻求实现最优解的过程。

4. 工程设计的概念

工程设计是在设计范畴下的一个比较具体的分支，它是把各种先进的技术成果转化为生产力的活动，是一个系统工程。确切地说，工程设计是创造性地建立满足功能要求的最佳工程技术系统的过程，是把各种先进技术成果转化为生产力的活动，是人类改造世界、创造美好世界的重要手段。

二、设计过程

设计过程是一个复杂的系统问题，至今尚未形成完美的、解决问题的策略和数学模型。同时设计也是一个反复的过程，它不断探索候选解，通过决策从那些满足设计目标和各项功能要求的候选解中选择最优解。下面以机械设计为例，介绍设计的一般过程和类型。

从系统的观点出发，可将机械设计过程看作为一个设计系统，进而整个设计系统的本质和结构可概括为前期设计、概念设计、详细设计和改进设计4个阶段的进程模式。

1. 前期设计阶段

前期设计的中心任务是对设计项目从市场需求、技术、经济、社会、政策和法规等方面进行全面的调查和分析，并论证项目的意义和可行性；若可行，则初步构思设计项目的原理方案。

前期设计在整个设计中起着战略指导的作用，它不仅能有效地防止因决策失误而造成的重大浪费，而且为整个设计指明了方向和预期达到的目标，其主要内容如下：

1）市场需求预测及设计项目必要性的论证。

2）了解国内外的研究现状和水平。

3）确认设计所要解决的关键问题。

4）提出解决问题的可能途径和方法。

5）预期达到的最低目标和最高目标，包括设计水平、技术、经济、社会效益等。

6）预算投资费用及设计进度、期限。

2. 概念设计阶段

概念设计阶段的任务是将前期设计阶段的规划成果贯彻于产品功能原理的设计中，即通过功能分析求得理想解，进行设计参数的分析计算，使设计参数定量化并尽可能优化。最后综合功能、经济等要素，从多个方案中筛选出最佳方案。概念设计在整个设计中起着战术指导的作用，其主要内容如下。

1）根据用户要求，运用功能分析、系统分析及模块化设计方法，对设计的各项工作进行划分进而生成设计规划。

2）进行产品总体方案设计，包括该产品的总体布局、各部分的位置、总体尺寸及相互间的关系等。

3）运用各种评价方法对各方案进行综合评价，筛选出最佳方案。

3. 详细设计阶段

经过前两个阶段的设计，产品由不明确逐步变为半明确状态，详细设计就是将功能原理方案具体化为产品的具体结构。详细设计在整个设计中是一个战术实施过程，其主要内容如下。

1）完成产品的总体结构设计，即进行总体装配图设计。

2）完成零部件结构设计，即进行部件的装配图设计，零件的工作图设计，并具体地确定装配结构的形状、尺寸和材料等。

3）制作模型并进行试验，为产品的性能、结构参数等的选择提供依据。

4）产品商品化设计，包括外观、色彩、包装等内容。

5）编制全套的技术文件并交付试制。

4. 改进设计阶段

改进设计阶段的任务是通过制造样机、试验、批量生产、使用等各个环节，全面评价产品设计的效果，并据此对产品进行改进、优化。通过完善前面各阶段设计中的不足，确保产品的设计质量，同时该阶段获得的反馈信息将成为产品改进设计的前期设计中的重要信息。

通过对上述设计过程的剖析，我们可以看出，设计过程实际上是一个设计信息经过不断加工处理、分析、判断、反馈、决策，由定性逐步走向定量，由抽象逐步变为具体，由一般逐步逼近理想的过程。在这个过程中，涉及自然科学、社会科学、各种工程科学与技术、市场学、技术经济、技术美学、科学思维方法、设计方法与技巧、各种原理原则、经验和技能等。产品设计的成功与否取决于能否将诸多的知识和技能融会贯通于设计的全过程中。

三、设计分类

在机械设计制造生产实践中，设计的类型是多种多样的，根据设计参照的原始条件不同，可将机械设计分为以下几种不同类型。

1. 开发性设计

开发性设计也称为没有样板的设计。它是在不知道设计方案、设计原理的情况下，从对产品的抽象要求出发设计出在质和量方面都能满足要求的产品。17世纪蒸汽机的设计就属于开发性设计。

开发性设计是针对新的市场需求和设计要求，提出新的设计任务，完成产品规划、原理方案设计、概念设计、构形设计、施工设计等设计环节的全过程。

2. 适应性设计

适应性设计是在总的方案原理基本保持不变的情况下对已有产品进行局部设计，使它满足在质和量方面的某种附加要求。需要指出的是，适应性设计中某些局部方案原理是有所变化的。如在汽油发动机的改进中采用汽油喷射装置来代替传统的汽化器，以满足节约燃料要求的设计就属于适应性设计。

3. 变异性设计

变异性设计是在方案原理和功能结构都不变的情况下，对现有产品的结构配置或尺寸加以改变，使之满足在量的方面有所变更的要求。如为确保在不同传递转矩或速比条件下的正常工作，仅需对减速器传动系统和尺寸进行修改的设计就属于变异性设计。

4. 反求设计

反求设计是针对已有的先进产品或设计，从工作原理、概念设计、构形特点等方面通过深入分析和研究，必要时还需进行实验研究，探索其关键技术，在消化、吸收的基础上开发同类型但又能避开已有专利保护范围的具有自己特色的新产品。

其他科学领域的设计也可分为这几种类型，这种多变的设计类型，要求我们在现代设计中摸索一套普遍的规律，以便更好地达到最终的设计目的。

四、现代设计发展

随着科学技术的不断进步，各种面向设计的软硬件工具的出现和提升，以及设计理念和思想的不断更新，现代设计得到了长足的发展。现代设计是将传统设计中的经验法、类比法设计提升到逻辑的、理性的、系统的新设计方法；是在静态分析的基础上，进行动态多变量的最优化设计；它吸收利用了诸多当代科技成果和计算机技术。

1. 现代设计的特点

（1）系统性 现代设计把设计对象看作为一个系统，同时考虑系统与外界的联系，通过功能分析、系统综合等方法，力求达到系统整体最优，使人机之间的关系相互协调。

（2）创造性 现代设计强调创造能力的开发和充分发挥人的创造性；重视原理方案的设计、开发和产品创新。因为只有创新才能有所发明。

（3）综合性 现代设计在设计过程中，综合考虑和分析市场需求、设计、生产、管理、使用、销售等各方面的因素；综合运用系统工程、可靠性理论、价值工程等学科的知识，探索多种解决设计问题的途径。

（4）程式性 现代设计研究设计的一般进程，包括一般设计战略和用于设计各个具体部分的战术方法。现代设计要求设计者从产品规划、方案设计、技术设计、施工设计到试验、试制，按步骤有计划地进行设计。

（5）优化性 现代设计的目标是获得功能全、性能好、成本低、价值高的产品技术系统的整体最优设计。

2. 现代设计与传统设计的比较

1）在设计的性质上，传统设计面向问题偏重于技术；现代设计则面向功能目标，将技术、经济和社会环境因素结合在一起统筹考虑，具有工程性，虽重视设计的内容但同时强调设计进程的管理。

2）在设计的范畴上，传统设计只限于产品设计；现代设计则将产品设计向前扩展到产品规划，甚至用户需求分析，向后扩展到工艺设计，使产品规划、产品设计、工艺设计形成一个有机的整体。

3）在设计的进程上，传统设计在战略进程和战术步骤上有一定的随意性；现代设计则强调设计进程及其步骤的模式化（层次、条理和逻辑性）。

4）在设计的手段上，传统设计是计算器（过去为计算尺）、图板加手册，个体手工作业；现代设计则充分利用电子计算机进行计算、分析、模拟、自动绘图和数据库管理，团队分工协作。

5）在设计的方式上，传统设计以经验总结、规范依据为主；现代设计则强调预测与信息分析及创造性的相互配合。

6）在设计的部署上，传统设计只限于从方案到工作图这个阶段；现代设计则贯穿于产品开发的全过程，强调从市场调研、用户需求，到产品规划、产品设计、工艺设计、制造过程、质量控制、成本核算、销售价格、包装运输、售后服务、维修保养、报废处理、回收再利用等全生命周期的综合最优化。

7）在设计的思维上，传统设计是朝向结构方案的"收敛性思维"；现代设计则是面向产品总功能目标的"发散性思维"。

8）在设计的方法上，传统设计采用少数的验证性分析以满足限定的约束条件；现代设计则将多元性方法直接综合，使其在各种条件下实现方案与全域优化目标。

9）在设计的对象上，传统设计对象局限于元件和结构；现代设计则更注重机械产品的全局构成，包括造型艺术。

10）在设计考虑的工况上，传统设计避开复杂问题只按确定工况进行静态考虑；现代设计则研究动态的随机工况、模糊性与其他一系列设计中复杂问题的多变量最优化设计。

11）在设计的评价上，传统设计采用单项与人为的准则（如强度、刚度、成本等）；现代设计则采用科学的模糊综合评判准则。

12）在设计的效果上，传统设计仅仅为了满足使用要求；现代设计除强调产品的内在质量外，还特别强调产品的外观质量，如美观性、时代性和艺术性，使产品造型具有一定的艺术感染力，让使用者有新颖、舒畅、愉快、兴奋等感觉，满足使用者的审美要求。

需要指出的是，现代设计方法还不能完全取代传统设计方法，一些行之有效的传统经验方法目前仍被广泛使用，它们仍是现代设计方法的重要组成部分。

3. 现代设计的特征

根据前述的分析我们不难看出，现代设计具备以下基本特征。

1）时域特征——现代设计是在 20 世纪 80 年代前后初步成熟，且在今后相当长时期内继续发展与研究的设计与分析方法。

2）哲理特征——现代设计是在传统设计盲目的、经验的、感性的、类比的基础上，上升到自觉的、科学的、理性的、逻辑的设计与分析方法。

3）质量特征——现代设计是能大幅度地提高设计的稳定性、准确性与快速性的设计与分析方法。

4）目标与手段特征——现代设计是在稳态分析基础上，考虑多变量动态特性，以广义优化为目标且运用自动设计工具的设计与分析方法。

第二节　设计的系统性

任何理论和方法都是针对某一特定的对象和目的而产生与发展的。因此，要探讨设计理论和方法，首先就必须对这一对象和目的进行了解，分析其内在特征和基本要求。这样才能产生和发展出符合实际需求并具有指导意义的理论和方法来。

一、系统的基本特征

1. 系统的概念

系统这一概念来源于人类长期的社会实践。所谓系统，就是指具有特定功能的、相互间具有有机联系的要素所构成的一个整体。也就是说，一个系统是一个由若干要素所构成的整体。但从系统功能来看，它又是一个不可分割的整体，如果硬把系统内的构成要素分割开来，那么它将失去其原来的性质。此外，系统是由要素组成的，离开了要素就谈不上系统。

因此，要素是系统最基本的成分，也是系统存在的基础。

2. 系统的基本特性

从系统的概念中我们可以发现，任何系统都具有一些基本特性，了解系统的基本特性将有助于对系统展开分析和设计。

（1）系统的整体性 系统是由两个或两个以上的可以相互区别的要素构成的统一体。整体性是系统所具有的最重要和最基本的特性，虽然各要素具有各自不同的性能，但它们结合后必须服从系统整体功能的要求，相互间需协调和适应。

（2）系统的相关性 通常，组成系统的各要素之间具有特定关系，也就是说组成系统的要素是相互联系、相互作用的。广义地讲，要素之间一切联系方式的总和叫作系统的结构，不同的联系方式对系统的相关性有着不同的影响和作用。结构不能离开要素而单独存在，只有通过要素之间的相互作用才能体现其客观存在。也就是说，系统的相关性是通过结构来体现的。

（3）系统的层次性 系统可以分解为一系列的子系统，并存在一定的层次结构，这是系统空间结构的特定形式。不同层次子系统之间存在着从属关系或相互作用关系，在不同的层次结构中存在着动态的信息流和物质流，这些构成了系统的运动特性。

（4）系统的目的性 系统存在的价值体现在其实现的功能上，完成特定的功能是系统存在的目的。系统的目的性是区别这一系统与另一系统的标志。系统的目的通常用更具体的目标来体现，一般来说，比较复杂的系统都具有一个以上的目标，往往需要一个指标体系来描述系统的目标。此外，系统的功能就是系统的目的性，它主要取决于系统的要素、结构和环境。要素必须具备必要的性能，否则难以达到预期的目的。要素的相互联系方式取决于系统的结构，选择最佳的结构框架，将有利于实现最优的系统目标。

（5）系统的环境适应性 任何一个系统都存在于一定的物质世界环境中。因此，它必然也要与外界环境进行物质的、能量的和信息的交换。外界环境的变化会引起系统内部各要素之间输出与输入的变化，也会使系统的输入发生变化，甚至产生干扰，引起系统功能的变化。不能适应外部环境变化的系统是没有生命力的。系统只有适应其所在变化的环境，才能发挥其作用。那些能够动态地与外部环境保持最优适应状态的系统，才是理想的系统。

二、设计对象的特征

工程中的设计对象可能是一个产品、技术系统或工程项目，了解对象的特征有助于我们理解和把握设计目标及要求，正如孙子兵法所说的那样，知己知彼方能百战不殆。我们以具体设计对象——机械系统为例来了解其特征。

1. 基本概念

（1）机构 通常，我们将把一个或几个构件的运动变换成其他构件所需的具有确定运动的构件系统称之为机构。

（2）机器 所谓机器是指一种具有确定机械运动的装置，用它来完成一定的工作过程，以代替人类的劳动。

（3）机械 我们把机构和机器总称为机械。

（4）机械系统 从广义上来说，机械系统是由多个机械基本要素组成的、能完成所需动作或动作过程的、可实现机械能变化并可以代替人类劳动的系统。机械系统的特点是必须完成动作传递和变换以及机械能的利用，这是机械系统区别于其他系统的特征所在。

2. 能量流、物质流、信息流

现代机械通常由控制系统、信息测量和处理系统、动力系统以及传动和执行机构系统等组成。从某种意义上来说，机械系统的作用就是把一定形式的输入量转变为另一形式的输出量。因此，可以将机械系统看作是一个转换装置。在机械系统作用的过程中，与其他系统一样存在着能量流、物质流和信息流的传递和变换。机械系统的能量流、物质流和信息流具有特殊的形态与变化规律。

（1）能量流 能量流是使机械系统产生作用的动力，即是机械系统完成特定工作过程所需的能量形态变化和实现动作过程所需的动力。能量流存在于机械系统能量变换和传递的整个过程之中。机械能与其他形态能互换是机械系统主要的能量流特征，其特定变化规律是机械能转换成其他形态的能，或者其他形态的能转换成机械能。

（2）物质流 物质流是机械系统发生作用的对象。物质流在机械系统中存在的主要形式是物料流，它是机械系统完成特定工作过程中工作的对象和载体。物料流包括物料的运动形态变化、物料的构型变化以及两种以上物料包容和混合等物料变化过程。机械系统的物料只有形态、构型、包容、混合的变化，也就是物料只产生物理的、机械的变化。

（3）信息流 信息流是对机械系统发挥作用过程的控制。信息流包括反映信号、数据的检测、传输、变化和显示的过程。信息流的功用是实现机械系统工作过程的操纵、控制以及对某些信息实现传输、变换和显示。信息的种类是多种多样的，如物理量信号、运动状态参数、显示、数据传输等。

三、设计系统

如前所述，设计过程是一项系统工程，我们可以把设计看作是一个信息处理系统，输入的是设计要求和约束条件信息，设计人员运用一定的知识和方法通过计算机、实验设备等工具进行设计工作，最后输出的是设计方

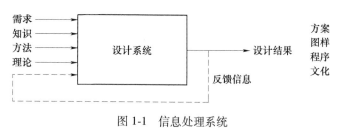

图 1-1 信息处理系统

案、图样、程序、文化等设计结果，具体过程如图 1-1 所示。随着信息和反馈信息的再次输入，通过设计人员的合理处理，将使设计更趋完善。这种合理处理能力来源于设计者对设计对象也就是机械系统的认识，以及对设计理论和方法的掌握。

此外，从系统工程的观点来分析，我们可以把设计系统看作一个由时间维度、逻辑维度和方法维度组成的设计三维系统，如图 1-2 所示。在设计三维系统中，时间维度反映的是时间顺序上的设计工作进程；逻辑维度是设计中解决问题的逻辑步骤；方法维度是设计过程中所使用的各种思维方法和工作方法。设计过程

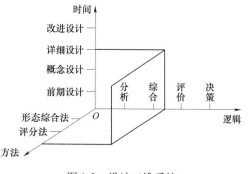

图 1-2 设计三维系统

中的每一个行为都与这个设计三维系统中的一个点对应。

第三节　设　计　理　论

理论与方法是人类思维的宝贵财富，是探索科学真理的钥匙和指南。在机械设计工作中，提高设计水平和开发能力，对理论的指引和科学方法的运用起着重要作用。

一、设计方法学

自世界范围内的工业化革命以来，各国都开始重视设计方法的研究，尤其是自20世纪70年代以来，随着经济的高速增长、市场竞争的加剧，世界主要工业发达国家除采取措施加强设计工作外，设计方法的研究也得到迅速的发展。不同的国家根据自身的实际与需求，形成了各自不同的研究体系。德国学者以系统理论为基础，把设计看作是一个信息传递和加工的过程，探求有计划地达到设计目标的方法。英、美学者偏重于分析创造性开发和计算机在设计中的应用。日本学者以系统理论为基础，提出了具有明显实用性、经济性和市场竞争能力的工程系统设计模型。我国学者在已有诸多设计方法的基础上，提出了基于系统工程的产品设计总体规划的理论模型和产品的综合设计理论与方法，便于设计者对各种设计理论与方法进行细致和具体的应用。

虽然不同国家研究的设计方法在内容上各有侧重，但共同的特点都是总结设计规律，启发创造性，采用现代化的先进理论和方法使设计过程自动化、合理化。其目的是提高设计水平和设计质量，设计出更多功能全、性能好、成本低、外形美的产品，以满足社会的需求和适应日趋激烈的市场竞争环境。

在设计方法的研究过程中，"设计方法学"（Design Methodology）作为一门学科应运而生，并成为现代设计理论的重要组成部分。概括地讲，设计方法学是研究产品设计程序、规律及设计中思维和工作方法的一门新型的综合性学科。设计方法学主要包括以下内容。

1）研究设计过程、各阶段的任务与特点，寻求符合设计规律的设计程序，并使之规范化、模式化、合理化和科学化。

2）研究设计中解决问题的合理逻辑步骤和应遵循的工作原则。

3）分析设计中的思维规律，研究设计人员科学的、创造性的思维方法和技术。

4）研究各种类型设计（如开发性设计、适应性设计、变型设计、反求设计等）的特点以及系统工程、创造工程、价值工程、优化工程、可靠性工程、相似工程、人机工程、工业美学等科学技术理论与方法在设计中的应用。

5）研究设计信息库（设计目录）的建立和应用，即探讨如何把分散在不同学科领域的大量设计知识、信息挖掘并集中起来，建立各种设计信息库，使之可通过计算机等先进设备方便快速地调阅参考。

6）研究设计步骤、理论、方法等如何与计算机等先进工具结合运用，使之不仅用于计算和绘图，还能引入预测、确定方案、评价、决策、试验等各个设计环节，进一步促进设计自动化的实现，提高设计的效率和质量。

7）研究设计的评价过程、方法及运用，即研究如何建立合理的评价指标体系，采用合适的评价方式，并对各方案进行综合评价，寻求较优方案。

综上所述，设计方法学是在深入研究设计过程本质的基础上，以系统的观点来研究设计进程（战略问题）和具体设计方法（战术问题）的一门综合性学科。

二、设计理论的技术基础

通常，设计过程涉及自然科学基础理论、社会科学基础理论、经济理论、工程科学应用理论等知识的运用。对于机械设计而言，设计理论的技术基础主要有可靠性理论、摩擦学、计算机仿真、最优化设计、有限元分析等。

1. 可靠性理论

（1）可靠性概念　可靠性是衡量机电产品质量的一个重要指标，它是指产品在规定条件下和规定时间内完成规定功能的能力，也就是表示产品正常工作的概率。一般意义上，可靠性也可表示存活率、可用性、可维修性和耐久性。

在机械设计中，可靠性设计是运用可靠性理论进行设计，是将概率统计理论、失效物理、机械学和电子学相结合的综合性工程技术。其主要特征是将常规设计方法中所涉及的设计变量，如材料强度、疲劳寿命、载荷、尺寸、应力等，看成是服从某种分布规律的随机变量，然后根据产品的可靠性指标要求，用概率统计方法设计得出零部件和元器件的主要结构参数和尺寸。

（2）可靠性指标

1）可靠度。所谓可靠度是指产品在规定条件下和规定时间内，完成规定功能的概率，记为 $R(t)$，也称为可靠度函数。

若产品寿命 t 的概率密度为 $f(t)$，可靠度函数可表示为

$$R(t) = \int_t^\infty f(t)\,\mathrm{d}t \quad (t \geqslant 0,\ 0 \leqslant R(t) \leqslant 1)$$

若失效率 $F(t)$ 定义为

$$F(t) = \int_0^t f(t)\,\mathrm{d}t$$

则
$$R(t) + F(t) = 1$$

2）失效率。失效率也称故障率，即工作到时刻 t 时尚未失效的产品，在时刻 t 以后的单位时间内发生失效的概率，一般计为 λ。失效率为时间的函数，记为 $\lambda(t)$，也称为故障率函数，或风险函数。

$$\lambda(t) = \lim_{\Delta t \to 0} \frac{1}{\Delta t} P(t < T \leqslant t + \Delta t \mid T > t)$$

观测值是时刻 t 以后，单位时间内发生失效的产品数与工作到该时刻尚未失效的产品数之比，即

$$\lambda(t) = \lim_{\Delta t \to 0} \frac{n(t + \Delta t) - n(t)}{[n - n(t)]\Delta t}$$

式中，n 为产品总数；$n(t)$ 为到 t 时刻失效的产品数。

3）平均寿命。对于不可修复的产品，平均寿命是指产品从开始使用到失效时的有效工作时间的平均值，记为 MTTF（Mean Time to Failure）；对于可修复的产品，平均寿命是指平均无故障工作时间，记为 MTBF（Mean Time Between Failures）。

$$\theta = \int_0^\infty t f(t)\,\mathrm{d}t$$

或

$$\theta = \int_0^\infty R(t)\,\mathrm{d}t$$

当产品的失效率为常数时，有 $\theta = 1/\lambda$。

（3）可靠性设计　可靠性设计是针对所研究对象的失效与防止失效问题，而建立起的一整套设计理论和方法。它常被用于新产品或新方案的设计和性能预测评估；或者用于将系统设计所要求达到的可靠性，合理地分配给各组成单元，从而求出各单元应具有的可靠度；或者用于已有产品或方案的技术性能校核和评价。

一般产品的可靠性设计，可大致分为以下几个阶段。

1）方案论证阶段，确定可靠性指标，对可靠性和成本进行估算分析。

2）审查阶段，对产品的可靠度及其增长进行初步评估，并验证试验要求，评价和选择试制厂家。

3）设计研制阶段，主要进行可靠性预测和分配，进行故障模式及综合影响分析，并进行具体结构的设计或改进。

4）生产及实验阶段，按一定标准或规范进行产品寿命实验和故障分析，对产品性能进行可靠性评定，并提出改进设计意见。

5）使用阶段，收集现场的可靠性数据，为改进设计提供依据。

2. 摩擦学

（1）摩擦学的概念　摩擦学主要研究相互运动、相互作用表面的摩擦行为对机械及其系统的作用，此外还研究接触表面及润滑介质的变化以及失效预测及控制。它是以力学、流变学、表面物理与表面化学为主要理论基础，综合材料科学、工程热物理学科，以数值计算和表面技术为主要手段的边缘学科。它的基本内容是研究工程表面的摩擦、磨损和润滑问题。摩擦学研究的目的在于指导机械及其系统的正确设计和使用，从而节约能源，减少原材料消耗，进而达到提高机械装备的可靠性、工作效能和使用寿命的目的。

（2）摩擦学设计技术　摩擦学设计是在摩擦学研究的基础上提出的新的设计方法，是运用摩擦学的理论、方法、技术和数据，将摩擦、磨损减小到最低限度。机械系统的失效主要是由摩擦学问题造成的，因此，摩擦学设计是对存在摩擦学特征的系统进行润滑、磨损和摩擦的计算，提高效率是设计的主要出发点。其研究内容主要有以下几个方面：

1）润滑设计。润滑设计的特点是理论与实验修正相结合，广泛采用数值解。如以数值解为基础的弹性流体动力润滑理论，是随着计算机技术和数值分析技术的迅猛发展而建立的。目前已经建立了分别考虑摩擦表面的弹性变形、热效应、表面形貌、润滑膜的流变学特性、非稳态工况等实际因素影响的润滑理论，甚至包括多参数的综合影响。这些研究为齿轮传动、凸轮设计、滚动轴承等的设计核算提供了理论依据。因此，在实际的设计中，根据主要参数进行系统的润滑分析，无论是单参数或多参数，一般先是计算最小油膜厚度，然后与表面粗糙度的综合值相比较，给出设备运行的状态。计算时可以采用两种形式：一是低副，直接应用雷诺方程进行计算分析；二是高副，应用弹性流体动力润滑理论进行计算分析。

2）磨损设计。磨损是机械设备主要失效形式之一，其造成的经济损失十分巨大，因此材料的磨损机理及提高耐磨性的研究受到摩擦学界的广泛重视。材料的耐磨性与多种因素有关，受制于摩擦学系统的影响，大致有接触条件、环境介质和工况等因素。接触条件包括接触表面的形状、表面粗糙度、表面加工质量、材料本身的理化性能以及相配材料的强度、硬度等。环境介质主要是润滑剂，其特性由润滑剂本身的基本特性及添加剂因素等决定。工况也是个比较难以全面考虑的问题，包括载荷、速度、环境条件等的变化。因此，目前磨损设计一般是根据强度或刚度设计系统设备的主要参数，然后进行磨损量的计算。

3）纳米摩擦学。纳米科学技术被认为是面向 21 世纪的新科技，由此派生出一系列新的学科，纳米摩擦学或称为微观摩擦学是其中之一。纳米摩擦学是在 20 世纪 90 年代迅速兴起的，主要是在纳米尺度上研究摩擦界面上的行为、变化损伤及其控制。它是一种新的研究模式与思维方式，即从分子、原子尺度上揭示摩擦磨损和润滑机理，建立材料微观结构和宏观特性之间的构型关系，以获得优异的减摩耐磨性能。纳米摩擦学主要应用在计算机磁记录设备、超精密和微型机械、人工关节等方面。

3. 计算机仿真

研究一个机电产品系统，有时需要对系统本身进行实验，以确定其系统特性。然而在很多情况下，研究系统的目的是要预测该系统的若干特性，以寻求改进系统性能的途径。这项工作往往需要在建立真实系统之前进行，最好是在讨论方案阶段就能预测系统建成之后将会出现的状态和特性，显然用系统本身进行实验是难以实现的。为此，可以首先抽取其他系统中相关的信息，建立系统数学模型，然后利用计算机对此数学模型进行计算求解，得到系统的静态属性，或者系统属性随时间发生变化的历程。这一过程称为系统仿真模型实验，或系统数字仿真。

系统数字仿真是一种依靠对系统的动态数学模型进行全时域"监视"而获得一系列数字结果的技术，是一种用系统的数学模型在计算机上进行模型实验的技术。经过仿真，可以初步了解设计方案所具有的特征，尤其是了解动态特性是否满足设计要求。

系统仿真能预测系统的性能和参数，还可以此为基础进行系统优化设计，从而达到研究控制策略的目的。因此，对于现代日趋复杂的机电产品系统，采用仿真实验的方法，无疑是一种既安全又经济的方法。系统仿真是建立在系统科学、系统辨识、控制理论和计算机技术基础上的一门综合性很强的实验科学技术，是分析、综合各类系统，特别是大系统的一种有效的研究方法和研究工具。

数学模型是对被研究系统的数学描述，反映了系统运动过程中各参数间的关系，是分析、综合系统的依据。对于复杂的数学模型，可以用仿真的方法进行研究，即在计算机上构成仿真模型的实验。计算机仿真过程如图 1-3 所示。

仿真模型反映了系统模型（简化的系统）和计算机间的关系，实质上就是设计的一种算法和程序，以使系统模型能被计算机接受并在计算机上运行。计算机仿真程序流程如图 1-4 所示。

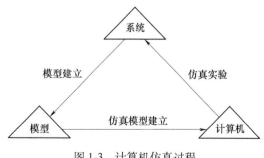

图 1-3 计算机仿真过程

系统仿真技术是针对系统模型，建立仿真模型并进行仿真实验的技术。所谓仿真实验就

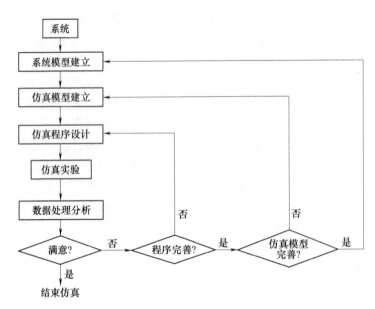

图 1-4　计算机仿真程序流程

是设计一个合理的、方便的、服务于系统研究的实验程序和软件,并进行模型运转。

系统仿真可分为模拟仿真、数字仿真和混合仿真 3 种类型。

(1) 模拟仿真　它是建立在数学模型相似原理基础上的一种方法。如加热炉温度的变化规律,电力拖动系统中机械转速的变化规律,RL 或 RC 电路中电流或电容器上电压的变化规律等,虽属不同的物理系统,但其数学模型是相同的,其变量的运动规律是相同的,且都可用一阶线性微分方程表达,因而可以进行模拟仿真。仿真的主要工具是模拟计算机,这种计算机是由一些基本的模拟运算器,如积分器、加法器、乘法器(比例放大器)及函数器组成,用以模拟数字上的基本运算环节。在仿真某一系统时,依照系统数学模型的结构和参数将这些运算器连接起来组成仿真系统,运算求解。

模拟仿真的特点是运算速度快,可以满足实时仿真的要求,所以它可用于系统实时仿真、系统参数寻优及随机过程统计特性的研究等。模拟仿真主要用于伺服机构设计、工艺过程控制及飞行仿真等。

(2) 数字仿真　它是以数值计算为基础的仿真,主要的仿真工具是计算机和仿真软件。由于数字计算机本身是一个离散系统,有信息存储能力,所以更适合于离散系统的仿真,当用于连续系统仿真时,必须将连续系统的数学模型离散化。

(3) 混合仿真　它是将模拟仿真与数字仿真相结合的一种方法。混合仿真的主要工具是混合计算机及用于信息转换及传输的中间接口。混合仿真主要用于当仿真系统的精度和响应速度在上述任一计算机上难以达到时,或当所研究的系统本身就是混合系统,即既包含连续系统又包含离散系统。

混合仿真模拟机的主要任务是在数字计算机的控制下实现自动高速运算。数字计算机起着中央处理机的作用,对整个仿真系统进行管理和控制。中间接口是用来完成两机间信息转换及传递的硬件。

4. 最优化设计

对于设计者而言，总是希望所设计的产品或机电系统具有最好的使用性能和最低的材料消耗与制造成本，以便获得最佳的经济效益，即希望在可能的条件下用最少的付出得到最满意的效果，这就是最优化问题。工程设计中设计者更是力求合理地寻求一组设计主参数，以使得由这组设计参数确定的设计方案既满足各种设计要求和条件，又使设计方案的技术经济指标达到最佳化。传统的工程设计，由于设计手段和方法的限制，设计者不可能在一次设计中计算得到多个设计方案，更不可能进行多方案的分析比较，以得到最佳的设计方案。人们只能在漫长的设计生产过程中，通过不断地改进，逐步使设计趋于完善。

随着现代电子计算机的发展和普及，为了得到最佳解，国外自 20 世纪 70 年代，国内自 20 世纪 80 年代初开始，以计算机为基础的数值计算方法得到广泛的应用并发展成熟，为工程问题的优化设计提供了先进的手段和方法，这就是最优化设计方法。

（1）基本概念　所谓最优化设计就是根据最优化原理和方法，综合各方面的因素，以人机配合的方式或用"自动探索"的方式，在计算机上进行的半自动或自动设计，以选出在现有工程条件下的最好设计方案的一种现代设计方法。

最优化技术是在 20 世纪 60 年代发展起来的，它建立在近代数学、最优化方法和计算机程序设计的基础上，是一种用数学方法解决设计问题的设计方法。运用该技术必须首先将实际问题进行数学描述，形成一组数学表达式，称作优化设计的数学模型；然后选择一种最优化数值计算方法和计算机程序；最后在计算机上运算求解，得到一组在一定条件（各种设计因素）影响下所能得到的最佳设计值，称为设计的最优解。最优解是一个相对的概念，不同于数学上的极值。

最优化设计的工作内容主要包括：一是将设计问题的物理模型转变为数学模型，即选取设计变量，明确设计变量取值的约束条件，建立设计问题所要求的最优指标与设计变量之间的函数关系式，也就是目标函数；二是采用适当的最优化方法求解数学模型，即将其归结为在给定的条件（例如约束条件）下求目标函数的极限或最优值问题；三是分析通过计算所得的最优解是否满足实际问题的要求，是否是实际问题的最优解，经确认后按工程设计的规范进行相应的处理。

（2）设计变量　设计变量是指在设计过程中可以进行调整和优选，并最终必须确定的各项独立参数。在选择过程中它们是变量，但这些变量一旦确定以后，则设计对象也就完全确定了。最优化设计是研究怎样合理地优选这些设计变量值的一种现代设计方法。

设计变量的数目称为最优化设计的维数。例如，两个设计变量称为二维设计问题，3 个设计变量称为三维设计问题。每个点表示一种设计方案，这个点称为二维向量、三维向量等。一般说来，设计变量的个数越多，数学模型越复杂，求解越困难。

由线性代数可知，若 n 个设计变量 x_1，x_2，$\cdots$，x_n 相互独立，则由它们形成的向量 $\boldsymbol{x} = (x_1，x_2，\cdots，x_n)^{\mathrm{T}}$ 的全体集合构成一个 n 维欧氏空间。在最优化设计中将由各设计变量的坐标轴所描述的这种空间称为设计空间。于是，设计变量的一组值可以看作设计空间里的一个点，称为设计点。反之，所有设计点的集合构成一个设计空间。当 $n>3$ 时，设计空间又称为超越空间。

设计空间的维数表征了设计的自由度，设计变量越多，则设计的自由度越大，可供选择的方案越多，设计越灵活，但难度也越大，求解也越复杂。

（3）目标函数　为了对设计进行定量评价，必须构造包含设计变量在内的评价函数，它是优化的目标，因此也称为目标函数，也就是设计中预期要达到的目标，是用于衡量设计方案优劣的定量标准。目标函数应表达为各设计变量的函数，即：$f(X) = f(x_1, x_2, \cdots, x_n)$，它代表设计的某个最重要的特征。

目标函数是设计变量的标量函数，最优化设计的过程就是优选设计变量使目标函数达到最优值，或找出目标函数的最小值（最大值）的过程。要确定目标函数最优点所处的位置，就必须了解目标函数的变化规律。目标函数与设计变量之间的关系可用曲线或曲面来表示，由许多具有相等目标函数值的设计点所构成的平面曲线（面）称之为等值线（面）。等值线或等值面不仅可以直观地描绘函数变化趋势，而且可以给出函数的极值点。

由目标函数 $f(x)$ 对各个设计变量的偏导数所组成的列向量称之为目标函数的梯度，一般用符号"$\Delta f(X)$"表示，即

$$\Delta f(X) = \begin{pmatrix} \dfrac{\partial f}{\partial x_1} \\ \vdots \\ \dfrac{\partial f}{\partial x_n} \end{pmatrix} = \left(\dfrac{\partial f}{\partial x_1}, \dfrac{\partial f}{\partial x_2}, \cdots, \dfrac{\partial f}{\partial x_n} \right)^{\mathrm{T}}$$

梯度表示在其取值点处与该函数面相垂直的向量。在最优化设计中，当以给定的步长改变设计（即移动）时，目标函数值在沿梯度的方向变化最快，这就使梯度向量获得了实际效用。

（4）约束条件　任何设计都有若干不同的要求和限制，在最优化设计中，设计变量取值的限制条件称之为约束条件。用于限制某个设计变量（参数）的变化范围或规定某组变量之间的相互关系称为边界约束，而由某种性能或设计要求推导出来的一种约束条件称为性态约束。通常将这些限制条件表示成设计变量的函数，并写成一系列不等式或等式，这些式子就构成了设计的约束条件。

任何一个不等式约束条件，若将不等号换成等号，可形成一个约束方程式。该方程的图形将设计空间一分为二，一部分满足该约束条件，一部分不满足该约束条件，故将该约束方程的图形称为约束边界。通常以约束边界带阴影线的一边表示不满足约束的区域。等式约束的图形也是约束边界。不过，等式约束情况下只有约束边界上的点满足约束，约束边界以外的部分均不满足约束。

每一个不等式或等式约束都将设计空间分为两个部分，同时满足所有约束的部分形成一个交集，称为该约束问题的可行域。可行域也可看作满足所有约束条件的设计点的集合。根据约束条件是否满足可以把设计点分为可行点和非可行点。反之，根据设计点是否在约束边界上，又可将约束条件分为起作用约束和不起作用约束。所谓起作用约束就是对某设计点特别敏感的约束，约束条件的微小变化可能使设计点由可行点变成非可行点，也可能由非可行点变成可行点。显然，约束边界通过某设计点的约束条件，就是设计点的起作用约束。最优化设计是寻找可行域内的最优点或最优设计方案。

（5）最优化设计的数学模型　任何一个最优化问题均可归结为如下的描述。

取设计变量 $X = (x_1, x_2, \cdots, x_n)^{\mathrm{T}}$, $X \in D \subset E^n$

在满足约束方程 $h_v(X) = 0$, $v = 1, 2, \cdots, p$

$$g_u(\boldsymbol{X}) \leqslant 0,\ u = 1,\ 2,\ \cdots,\ m$$

的条件下，求目标函数 $f(\boldsymbol{X}) = \sum_{j=1}^{q} w_j f_j(x)$ 的最优值。

简化为 $\min f(\boldsymbol{X})\ \boldsymbol{X} \in \boldsymbol{D} \subset \boldsymbol{E}^n$

约束条件为 $h_v(\boldsymbol{X}) = 0,\ v = 1,\ 2,\ \cdots,\ p$

$$g_u(\boldsymbol{X}) \leqslant 0,\ u = 1,\ 2,\ \cdots,\ m$$

若最优点为可行域中的最大值，则可看成求 $[-f(\boldsymbol{X})]$ 的最小值，或 $1/f(\boldsymbol{X})$ 的最小值。最优化问题也称为数学规划问题。优化问题根据数学模型中是否包含约束条件分为无约束优化问题和约束优化问题。根据目标函数和约束函数的性质可分为线性规划（优化）、二次规划和非线性规划（优化）问题。

（6）最优化求解方法

1）选定初始点 x_0，计算目标函数初始值 $f(x_0)$。

2）选取一个能使目标函数值下降的方向，沿该方向取下降点 x_1，使目标函数值下降，$f(x_1) < f(x_0)$。

3）当不存在下降方向，或虽存在，但点 x_1 与点 x_p 已足够靠近，则认为找到了一个最优解，结束求解过程，否则，$x_0 = x_1$，转至步骤 2）继续求解。

5. 有限元分析

有限元法起源于 20 世纪 50 年代航空工程中的结构分析矩阵法。当时，为了解决航空结构设计问题，美国的克拉夫（Clough）等人首次采用三角形和矩形单元，成功地将结构力学中的位移法用于平面应力问题的求解。1960 年，克拉夫首次提出了"有限元法"（Finite Element）这一名词。随着计算机技术的飞速发展，有限元法的应用已涉及机械工程、土木工程、航空结构、热传导、电磁场、流体力学、地质力学以及生物医学等诸多领域，几乎遍及所有的连续介质和场问题。只要微分方程经分割近似（分片插值）能得到满足要求的解，就可以用有限元法计算。目前，有限元法已成为科学研究和工程设计必不可少的数值分析工具。

（1）有限元法的基本思想 有限元法的基本思想是用有限个单元将连续体离散化，即将连续体或结构先人为地分割成许多单元，并认为单元与单元间只通过节点相连接，如图 1-5 所示。这样就把具有无限自由度的连续体的受力分析转化为具有有限个自由度的离散模型的力学分析，形成与实际结构近似的数学模型。其过程为：首先，通过对有限个单元进行分片插值，利用力学原理（如变分原理或虚功原理等）推导建立每个单元的平衡方程组；其次，再把所有单元的平衡方程组集成表示为整个结构力学特性的代数方程组；最后，引入边界条件来求解各种力学、物理问题。

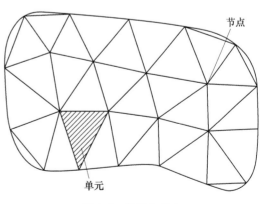

图 1-5 单元和节点

（2）有限元的基本构成

1）节点（Node）。节点是工程系统中的一个点的坐标位置，是构成有限元系统的基本对象。节点具有物理意义的自由度，该自由度为结构系统受到外力作用后系统的反应。

2）元素（Element）。元素由节点与节点相连而成，元素的组合由各节点相互连接。不同特性的工程系统，可选用不同种类的元素，ANSYS 软件提供了一百多种元素，故使用时必须慎重选择元素型号。

3）自由度（Degree of Freedom）。节点具有某种程度的自由度，用以表示工程系统受到外力作用后的反应结果。

有限元计算程序出现于 20 世纪 50 年代中期至 60 年代末，到 70 年代初出现了大型通用有限元程序，以其功能强、使用方便、计算结果可靠和效率高而成为结构工程强有力的分析工具。目前，有限元法在现代结构力学、热力学、流体力学和电磁学等许多领域都发挥着重要作用。在我国工程界比较流行并被广泛使用的大型有限元分析软件有 MSC Nastran、ANSYS、Abaqus、Marc、ADINA 和 ALGOR 等。

（3）有限元设计过程

1）结构力学模型的简化。采用有限元方法来分析实际工程结构的强度与刚度问题时，首先应从工程实际问题中抽象出力学模型，即对实际问题的边界条件、约束条件和外载荷进行简化。这种简化应尽可能反映实际情况，使简化后的弹性力学问题的解与实际相近，但也不应使计算过于复杂。

2）单元划分和插值函数的确定。根据分析对象的结构几何特性、载荷情况及所要求的变形点，建立由各种单元所组成的计算模型。单元划分后，利用单元的性质和精度要求，写出表示单元内任意点的位移函数，并利用节点处的边界条件，写出用节点位移表示的单元体内任意点位移的插值函数。

3）单元特性分析。首先根据位移插值函数，由弹性力学中给出的应变和位移关系，可计算出单元内任意点的应变；其次由物理关系建立应变与应力间的关系，进而可求单元内任意点的应力；最后由虚功原理可得单元的有限元方程，即节点力与节点位移之间的关系，从而得到单元的刚度矩阵。

4）整体分析（单元组集）。整体分析是对由各个单元组成的整体进行的分析。它的目的是建立节点外载荷与节点位移之间的关系，以求解节点位移。把各单元按节点组集成与原结构体相似的整体结构，得到整体结构的节点力与节点位移之间的关系。

5）解有限元方程。为了得出各节点的位移，可采用不同的计算方法解有限元方程。在解题之前，应根据求解问题的边界条件，对相关方程进行缩减，这样更有利于方程的求解，然后再解出节点的位移。

6）计算应力、应变值。若要求计算应力、应变，则在计算出节点位移后，可通过有关公式计算出相应的节点应力和应变值。

第四节　设　计　方　法

一般而言，设计方法分为两类：一类是告诉人们做什么，即设计理论的方法，包括系统性、创造性、价值性、相似性方法等；另一类是指导人们怎么做，即设计应用的方法，包括优化、可靠性、有限元、计算机辅助设计等。这是设计在两个不同层面上的要求和发展，以满足不同层次设计专业人才的培养需求。

一、设计求解的逻辑步骤

工程设计求解的逻辑步骤是分析→综合→评价→决策，如图1-6所示。分析要求是设计求解的第一步，即通过对设计对象或求解问题全面细致的分析，明确其设计任务的本质要求；综合求解是在分析的基础上，依据设计的条件对问题（未知系统）运用专业理论、知识和创新思维来探寻各种可能的解法；评价是对经综合求解得到的多个初步解，根据设计要求进行收敛、筛选的过程；决策是在评价的基础上，根据已定的设计目标找出问题的最佳解法。不难看出，设计求解是一个反复的过程。

二、设计方法分类

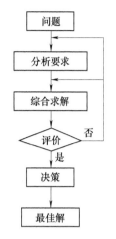

图 1-6　设计求解的
逻辑步骤

随着社会的不断发展和科学技术的进步，为了提高产品的设计质量，国内外从事设计理论与方法研究的工作者和产品设计工作者，对产品的设计理论与方法进行了持续不断的探索与研究，至今已提出70余种理论与方法。在设计进程的每一个阶段和具体步骤中，作为设计者必须了解和掌握相关的设计理论和设计方法，这样才能较好地完成各个设计阶段的工作。但这么多的设计理论与方法，会使产品设计工作者，特别是对初次参加设计的科技工作者及正在学习机械设计的本科学生和研究生来说，产生眼花缭乱、无所适从的困境。因此有必要对它们进行分类。

从科学技术发展的角度看，分类是一项十分重要的工作，它有利于掌握事物的内在规律及其共性和特性，进而有效地利用这些规律及其特点为人类的生产和生活服务。对机械设计理论与方法进行分类，有利于机械设计工作者详细了解、掌握和使用这些设计方法。根据基于系统工程的机械设计总体规划的理论模型和综合设计理论和方法，从不同角度对现代机械设计理论与方法进行的分类如图1-7所示。

图1-7的分类方法有别于目前一般设计方法学内容的提法，它丰富和完善了机械设计方法学的概念和内容，为机械设计提供更加完整的和具体的理论和方法，对提高机械设计质量会产生积极的影响。

随着国内外现代机械设计理论与方法研究的不断深入，现代机械设计理论与方法正在向如图1-8所示的几个主导方向发展：一是在科学发展观和自主创新思想指导下的设计方法；二是面向产品的质量、成本或寿命的设计方法；三是为加快设计进度和实现设计智能化的设计方法；四是针对复杂或非线性系统（非线性、非稳态、高维、强耦合、不确定、多变量等）的设计方法；五是单目标研究工作的深化设计方法；六是基于系统工程的综合设计及设计工作的一体化方法。可以看出，这些处于主导地位的设计方法各有各的特点和适用范围，但它们均是以单一设计理论为基础，因此单一设计方法研究工作的深化是搞好综合设计方法的基础。在现有研究成果的基础上，设计理论与方法的研究应该更加突出地按照科学发展观的基本要求加以实施，即应该更有效地提高产品质量、降低成本和保证使用寿命；应该考虑如何缩短设计和制造周期，更广泛采用信息化技术；应该针对更复杂机械系统和更高难度（如非线性系统等）的问题进行研究；应该在最大范围内满足用户对产品广义质量的要求等。

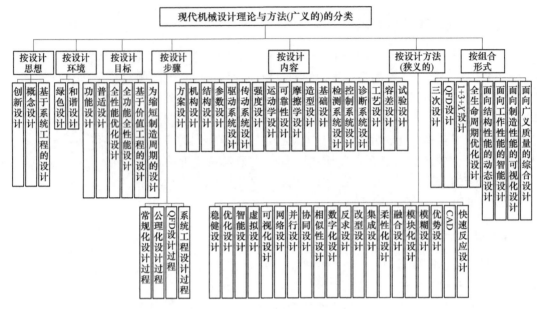

图 1-7　从不同角度对现代机械设计理论与方法进行的分类

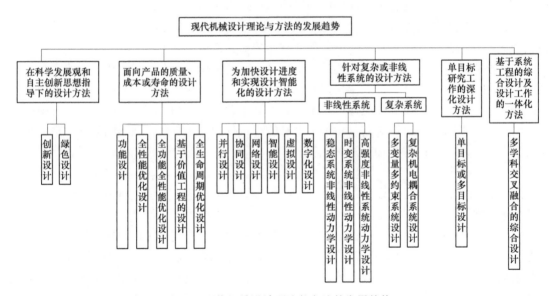

图 1-8　现代机械设计理论与方法的发展趋势

三、全生命周期设计技术

1. 全生命周期的概念

产品的全生命周期包括产品的孕育期（产品市场需求的形成、产品规划、设计）、生产期（材料选择制备、产品制造、装配）、储运销售期（存储、包装、运输、销售、安装调试）、服役期（产品运行、检修、待工）和转化再生期（产品报废、零部件再用、废件的再生制造、原材料回收再利用、废料降解处理等）的整个闭环周期。

产品的寿命往往指产品出厂或投入使用后至产品报废不再使用的一段区间，该区间仅是全生命周期内服役期的一部分。产品的全生命周期与产品的寿命是不同的概念。

全生命周期包括产品的社会需求的形成，产品的设计、试验、定型，产品的制造、使用、维修以及达到其经济使用寿命之后的回收利用和再生产的整个闭环周期。

如图 1-9 所示，机械的全生命周期涵盖全寿命期，全寿命期涵盖经济使用寿命和安全使用寿命。作为全生命周期的一个重要转折点，产品报废一般有功能失效、安全失效、经济失效 3 种判定依据。

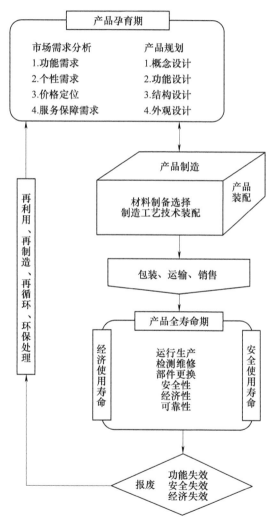

图 1-9 全生命周期与全寿命期

2. 全生命周期设计的定义

所谓全生命周期设计，就是面向产品全生命周期全过程的设计（图 1-10），即从产品的社会需求分析、产品概念的形成、知识及技术资源的调研、成本价格分析、详细机械设计、制造、装配、使用寿命、安全保障与维修计划，直至产品报废与回收、再生利用的全过程出发，全面优化产品的功能/性能（F）、生产效率（T）、品质/质量（Q）、经济性（C）、环保性（E）和能源/资源利用率（R）等目标函数，求得其最佳平衡点。

全生命周期设计的主要目的可以归结为3个方面：一是在设计阶段尽可能预见产品全生命期各个环节的问题，并在设计阶段加以解决或设计好解决的途径；二是在设计阶段对产品全生命周期内所有费用（包括维修费用、停机损失和报废处理费用）、资源消耗和环境代价进行整体分析规划，最大限度地提高产品的整体经济性和市场竞争力；三是在设计阶段对全生命周期中各个阶段对自然资源和环境的影响进行分析预测和优化，以便积极有效地利用和保护资源，保护环境，创造好的人-机环境，保持人类社会生产的持续稳定发展。

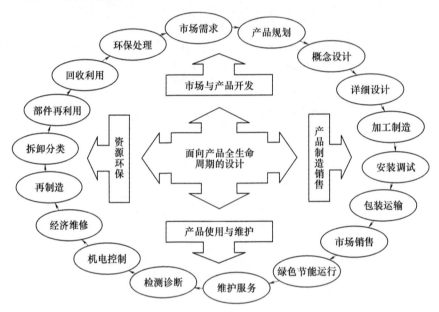

图 1-10　面向产品全生命周期的设计

3. 全生命周期设计的主要内容

设计产品不仅是设计产品的功能和结构，而且要设计产品的规划、设计、生产、经销、运行、使用、维修保养，直到回收再用处置的全生命周期过程。全生命周期设计意味着，在设计阶段就要考虑到产品生命历程的所有环节，以求产品全生命周期所有相关因素在产品设计阶段就能得到综合规划和优化。

新产品是一个相对概念，具有很强的时间性、地域性和资源性，全生命周期设计的最终目标是尽可能在质量、环保等约束条件下，缩短设计时间并实现产品全生命周期最优。以往的产品设计通常只包括可加工性设计、可靠性设计和可维护性设计，而全生命周期设计并不仅仅从技术角度考虑这个问题，还要从产品美观性、可装配性、耐用性甚至产品报废后的处理等方面加以考虑，即把产品放在开发商、用户和整个使用环境中加以综合考察。

虽然是对同一种产品对象进行设计，不同的设计人员仍可能会设计出不同的模型，这样往往会造成不必要的紊乱。为了解决这个问题，统一的模型是必不可少的。同时，为了对这一模型进行统一讲解，工作人员在表达产品制造、生产设备和管理等方面必须拥有统一的知识表达模式。

全生命周期设计最重要的特点是它的集成性，即要求各部门工作人员分工协作。但在实际中他们的工作地点往往是分散的，尤其在计算机技术被充分运用到传统工业设计中来的时候，每个工作人员都拥有自己的工作站或终端。因此，分布式环境是全生命周期设计的重要特征。

全生命周期设计始终是面向环境资源（包括制造资源、使用环境等）而言的，它的一切活动都是为了使制造出来的产品能够"一次成功"并在当地的资源环境下达到最优，而不必进行不必要的返工。在设计过程中，不仅要考虑产品功能、造型复杂程度等基本设计特性，而且要考虑产品设计的可制造性。

全生命周期设计的关键问题在于建立面向产品全生命周期的、统一的、具有可扩充性的、能表达不完整信息的产品模型，该产品模型能随着产品开发进程自动扩张，并从设计模型自动映射为不同目的的模型，如可制造性评价模型、成本估算模型、可装配性模型、可维护性模型等。同时产品模型应能全面表达和评价与产品全生命周期相关的性能指标，如面向用户的全生命周期的产品智能建模策略，开发相应的计算机辅助智能导航产品建模框架系统，包括产品的全过程仿真和性能评价模型、面向全生命周期的广义约束模型，复合知识的表达模型及其进化策略等。全生命周期设计涉及大量的非数值知识，现有简单的数值化方法不能很好反映非数值知识的本质，不仅会造成模型的失真，更会使模型不易被用户理解，因此解决数值和非数值混合知识的表达和进化已成为产品全过程寻优的关键。

4. 全生命周期设计的方法

（1）并行设计技术　并行设计是依据用户需求，基于并行工程理论对产品及其下游生产制造和相关支持过程进行一体化设计的系统方法，如图 1-11 所示。

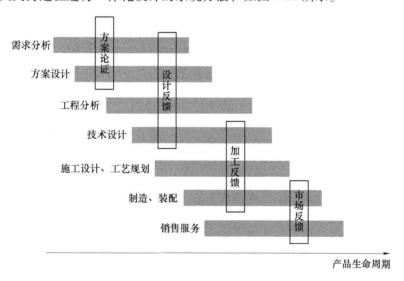

图 1-11　并行设计模式

并行设计面向产品全生命周期，从设计、制造等角度综合开展产品设计，在设计阶段就同步考虑产品制造、使用等后续阶段的问题和要求，并进行设计修改及评价。因此，并行设计过程需要设计、工艺、制造等不同领域的设计人员共同参与，需要一种协同工作的全新设计模式，以求产品设计能面向产品生命周期后续阶段同步开展，实现设计与制造过程的一体化和集成化。

并行设计具有过程改进、组织变革、环境支持和需求定义4个关键要素。具体来说，即产品开发过程建模、分析与集成技术的重组；多功能集成产品开发团队的设计组织建立；形成协同工作的环境；数字化产品建模的共享信息模型的建立。

（2）计算机辅助设计技术 计算机辅助设计（Computer Aided Design，CAD）是指设计人员借助计算机进行设计的方法。其特点是将人的创造能力和计算机的高速运算能力、巨大存储能力和逻辑判断能力很好地结合起来。

计算机辅助设计系统由硬件系统和软件系统构成（图1-12），以工程数据库、图形库为支持，具有交互式图形设计、几何造型、工程分析与优化设计、人工智能与专家系统等功能。

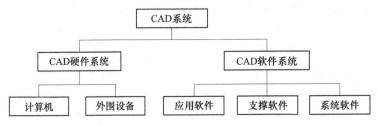

图1-12 计算机辅助设计系统的组成

CAD技术起源于美国，它经历了一个由二维设计技术向三维设计技术发展的过程。早期二维机械CAD仅仅是计算机辅助绘图（Computer Aided Drafting）。三维CAD技术才是真正意义上的计算机辅助设计技术（Computer Aided Design），它经历了由线框造型设计/加工发展到曲（表）面造型设计、由曲（表）面造型设计发展到实体造型设计、由实体造型设计发展到参数化造型设计、由参数化造型设计发展到变量化造型设计的选型原则的4次技术革命。计算机辅助设计的应用注重其操作使用的方便性、软件的集成化程度、CAD功能、CAM（Computer Aided Manufacturing）功能、后处理程序及数控代码输出、升级方法和技术支援等条件保障。目前，最有影响的机械CAD/CAM软件有：Croe、I-DEAS、UG NX、Auto CAD等，使用比例达60%以上。

（3）DFX技术 DFX是Design for X（面向产品生命周期各环节的设计）的缩写，其中X代表产品生命周期的某一环节或特性，如可制造性（Manufacturability）、可装配性（Assembly）、可靠性（Reliability）等。因此，DFX主要包括：可制造性设计（Design for Manufacturability，DFM），可装配性设计（Design for Assembly，DFA），可靠性设计（Design for Reliability，DFR），可服务性设计（Design for Serviceability，DFS），可测试性设计（Design for Test，DFT），面向环保的设计（Design for Environment，DFE）等，如图1-13所示。

DFX设计方法是世界上先进的新产品开发技术，这项技术在欧美大型企业中应用非常广泛，它指在产品开发过程和系统设计时不但要考虑产品的功能和性能要求，还要同时考虑产品整个生命周期相关的工程因素。只有那些具备良好工程特性的产品才是既满足客户需求，又具备良好质量、可靠性与性价比的产品，这样的产品才能在市场得到认可。DFM是DFX中最重要的部分，DFM即在设计中考虑制造的可能性、高效性和经济性，其目标是在保证产品质量与可靠性的前提下缩短产品开发周期、降低产品成本、提高加工效率。DFX在电

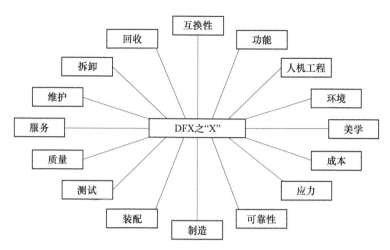

图 1-13 DFX 的覆盖范围

子产品设计中的出现有其深刻的历史背景，这是在电子产品竞争越来越激烈的环境下，公司必须确保产品能够快速、高质量地进入市场，以适应电子产品短生命周期的要求。

DFX 的目的是倡导在产品的前期设计中考虑包括可制造性、可装配性等相关问题。如传统的电子产品开发方法通常是由设计—生产制造—销售各个阶段串行完成。由于在设计阶段没有全面考虑制造要求，加之设计人员对工艺知识的欠缺，常会造成在产品生产时出现这样那样的问题，如元器件选择不当、印制电路板（Printed Circuit Bord，PCB）设计缺陷等，导致设计方案多次修改、PCB 不断改板、生产多次验证等，使得产品开发周期延长、成本增加、质量和可靠性无法得到有效保证。

DFX 基于并行设计的思想，在产品的概念设计和详细设计阶段就综合考虑制造过程中的工艺要求、测试要求、组装的合理性，同时还考虑维修要求、售后服务要求、可靠性要求等，通过设计手段保证产品满足成本、性能和质量的要求。DFX 不再把设计看成一个个孤立的任务，而是利用现代化设计工具和 DFX 分析工具设计出具有良好工程特性的产品。

（4）全生命周期设计数据管理技术 如前所述，全生命周期设计要求各部门工作人员分工协作，根据各部门工作地点具有分散性的特征，全生命周期设计的数据管理技术需要建立跨平台数据集成与共享的产品数据管理（Product Data Management，PDM）系统，以实现网络上不同平台和系统的真正一体化；支持全生命周期的动态模型的数据库和设计过程管理技术；支持异地流动计算的自治体表达模型及其代理策略。

四、绿色产品设计技术

1. 绿色产品的定义和内涵

绿色产品是指以环境和环境资源保护为核心概念而设计生产的、可以拆卸并分解的产品，其零部件经过翻新处理后，可以重新使用。

绿色产品在从生产到使用乃至回收的整个过程都符合特定的环境保护要求，对生态环境无害或危害极少，利用资源再生或回收循环再利用。其内涵是最大限度地保护环境，最大限度地利用材料资源，最大限度地节约能源。

不难看出，绿色产品的设计，本质上是为环保而设计（Design for Environment），为回收而设计（Design for Recycle），为拆解而设计（Design for Disassembly），为再制造而设计（Design for Remanufacture），为永续性而设计（Design for Sustainability）。

绿色设计在现代企业发展和管理中占据着核心地位（图 1-14）。企业开展绿色设计的驱动力主要在于：一是顾客要求；二是国际标准的要求；三是竞争对手的挑战；四是环保法规的要求；五是对产品的照顾责任等方面的因素。

2. 绿色产品设计的概念及评价标准

图 1-14 绿色设计在企业环境管理中的地位

绿色产品设计与传统产品设计具有较大的不同（图 1-15）。其评价的标准主要有以下几个方面。

（1）与材料有关的准则 少用短缺或稀有的原材料，多用废料、余料或回收材料作为原材料；尽量寻找短缺或稀有原材料的代用材料；减少所用材料种类，并尽量采用相容性好的材料，以利于废弃后产品的分类回收；尽量少用或不用有毒有害的原材料；优先采用可再利用或再循环的材料。

（2）与结构有关的准则 在结构设计中树立"小而精"的设计思想，通过产品小型化尽量降低资源的使用量。

（3）与制造工艺有关的准则 改进和优化工艺技术，提高产品合格率；采用合理工艺，简化产品加工流程，减少加工工序，谋求生产过程的废料最少化，避免不安全因素，减少生产过程中的污染物排放。

（4）绿色设计的管理准则 规划绿色产品的发展目标，将产品的绿色属性转化为具体的设计目标。

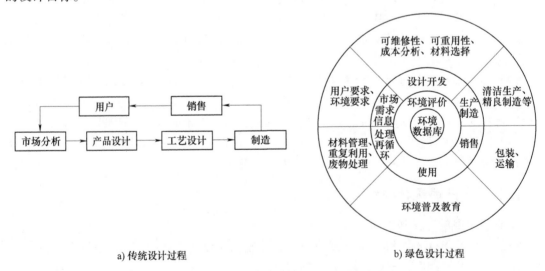

a）传统设计过程　　　　　　　　　　b）绿色设计过程

图 1-15 传统设计过程与绿色设计过程的比较

3. 绿色产品设计的主要内容和方法

（1）绿色产品设计的材料选择与管理 绿色产品设计要求产品设计人员改变传统选材

步骤，选材时不仅要考虑产品的使用和性能，考虑环境约束准则，同时还必须了解材料对环境的影响，选用无毒、无污染材料和易回收、易降解、可再利用材料。除选材外还应加强材料管理，一方面，不能把含有有害成分与无害成分的材料混放在一起；另一方面，对已到生命周期的产品，有用部分要充分回收利用，即可用部分要采用一定的工艺方法处理、回收，使其对环境的影响降低到最低限度，降低材料成本。

（2）产品的可回收性设计　可回收性设计是在产品设计初期充分考虑其零件材料回收的可能性、回收价值大小、回收处理方法、回收处理结构工艺性等与回收性有关的一系列问题，达到零件材料资源、能源利用最大化，并对环境污染最小化的一种设计思想和方法。可回收性设计内容主要包括：①可回收材料及其标志；②可回收工艺与方法；③可回收性经济评估；④可回收性结构设计。

（3）产品的可拆卸性设计　可拆卸性是绿色产品设计的主要内容之一，它要求在产品设计的初级阶段就将可拆卸性作为结构设计的一个评价准则，使所设计的结构易于拆卸、方便维护，并在产品报废后对可再利用部分充分有效地回收和再利用，以达到节约资源和能源、保护环境的目的。可拆卸结构设计有两种类型：一种是基于成熟结构的"案例"设计法；另一种则是基于计算机的自动设计法。

（4）绿色产品的成本分析　绿色产品的成本分析与传统的成本分析截然不同。由于在产品设计的初期就必须考虑产品的回收、再利用等性能，因此进行成本分析时，就必须考虑污染物的替代、产品拆卸、重复利用成本、特殊产品相应的环境成本等。同样的环境项目在各国或地区间实际费用的不同，也会形成企业间成本的差异。因此，绿色产品成本分析，应在每一设计项目选择时进行，以便设计出的产品更具绿色且成本低。

（5）绿色产品设计数据库　绿色产品设计数据库是一个庞大复杂的数据库。该数据库对绿色产品的设计过程起着举足轻重的作用。该数据库应包括产品生命周期中与环境、经济等有关的一切数据，如材料成分，各种材料对环境的影响值，材料自然降解周期，人工降解时间及费用，制造装配、销售、使用过程中所产生的附加物数量及对环境的影响值，环境评估准则所需的各种判断标准等。

4. 绿色产品设计的关键技术

（1）面向环境的设计技术　面向环境的设计（Design for Environment，DFE）或称绿色设计（Green Design，GD）是以面向环境为原则所进行的产品设计。该设计作为一种系统化的设计方法，即在产品整个生命周期内，以系统集成的观点考虑产品环境属性（可拆卸性、可回收性、可维护性、可重复利用性和人身健康及安全性等基本属性），并将其作为设计目标，使产品在满足环境目标要求的同时，保证应有的基本性能、使用寿命和质量等。

（2）面向能源的设计技术　面向能源的设计技术是指用对环境影响最小、资源消耗最少的能源供给方式支持产品的整个生命周期，并以最少的代价获得能量的可靠回收和重新利用的设计技术。

（3）面向材料的设计技术　在传统的产品设计中，由于在材料选用上较少考虑对环境的影响，因而在产品的制造、消费过程中容易对环境产生一定的危害。如氟利昂的使用导致了臭氧层的破坏，矿物燃料的使用使大气中 CO_2 含量过高，产生了温室效应等。面向材料的设计技术是以材料为对象，在产品整个生命周期（设计、制造、使用、废弃）中的每一阶段，以材料对环境的影响和有效利用为控制目标，在实现产品功能要求的同时，使其对环境污染最小和能源消耗最少的绿色设计技术。

（4）人机工程设计技术　人机工程设计技术是以人机工程学理论为基础的面向人的产品设计技术。人机工程又称为人体工程，它依据人的心理和生理特征，利用科学技术成果和数据去设计产品，使之符合人的使用要求，改善环境，优化人机系统，使之达到最佳配合，以最小的劳动代价换取最大的经济成果。人机工程设计的目标是在系统约束条件下，提高工作的有效性，提高生产率及质量，减少操作者可能出现的失误，降低操作者体力和脑力消耗，尽可能地适合不同水平的操作者使用，尽可能简化操作，降低劳动强度，改善工作条件，尽量适合操作者的心理和生理特征，使操作者轻松愉快地完成工作，以达到人机系统的最佳效率与效能。在设计技术系统时，要注意合理地分配操作者和技术系统之间的工作，在协调人-机工作时，要尽可能放宽对操作者的技术要求，确保对人安全、可靠和使人身心健康。

【学习延读】

人类文明的进步与社会的发展离不开机械设计的发展，在人类的起源之中，伴随着工具的不断演化与发展，使得人类社会的发展不断加快。但直到18世纪工业革命后，才出现了具有明显技术特征的、为制造业生产而运用的、完整体系的机械设计。因此，机械设计无疑是人类物质文化前进的动力。

作为有5000多年历史的大国，中国是世界上机械设计发展最早的国家之一。中国的机械设计不但历史悠久，而且成就十分辉煌，中国古代的指南车、地动仪和被中香炉等许多设计发明创造，在动力的利用和机械结构的设计上都有自己的独到之处。宋代沈括的著作《梦溪笔谈》记载了当时造纸、纺织、农业、矿业、陶瓷、印染、兵器等许多科学成就，反映了当时的机械设计水平。明代宋应星创作的《天工开物》记载了不少有关机械制造和产品性能的情况，内容涉及泥型铸釜、失蜡法铸造以及铸钱等铸造技术，还记述了千钧锚和软硬绣花针的制造方法、提花机和其他纺织机械以及车船等各种交通工具的性能和规格等，这些都是当时机械设计的见证。这些不仅对中国的物质文化和社会经济的发展起到了重要的促进作用，而且对世界技术文明的进步做出了重大的贡献。

我们应该看到，机械设计是在长期社会实践的经验积累和探索中逐渐形成和发展起来的，并应用于指导人们的进一步社会实践，使得人类社会不断向前发展。人类社会进入21世纪，机械设计所面对的是经济全球化、技术集成化和使用个性化的需求，机械专业人员不仅要有丰富的专业知识，而且还要掌握先进的设计理论、方法及手段，科学地进行设计工作，这样才能设计出符合时代要求和人们需求的物质产品。

实证中华五千年文明的申遗文本

思 考 题

1. 什么是设计？
2. 设计的过程是什么？
3. 设计有哪几种类型？
4. 什么是现代设计？与传统设计的区别是什么？
5. 设计理论的技术基础有哪些？
6. 设计求解的逻辑步骤是什么？
7. 什么是设计方法学？
8. 为什么要对设计方法进行分类？
9. 现代机械设计理论与方法的发展趋势是什么？
10. 全生命周期设计的意义是什么？
11. 为什么要开展绿色产品的设计？
12. 中国古代设计的成就有哪些？
13. 近现代中国机械设计理论与方法的典型代表有哪些？

第二章

系统化设计理论及方法

系统化设计是以系统理论为基础，通过制定设计的一般模式，倡导设计工作应具备条理性。其思想最早由德国学者帕尔（Pahl）和贝茨（Beitz）教授在 20 世纪 70 年代提出，德国工程师协会在这一设计思想的基础上，制定出 VDI2221 标准技术系统和产品的开发设计方法。我国许多设计学者在进行产品方案设计时还借鉴了其他发达国家的系统化设计思想，其中具有代表性的是将用户需求作为产品功能特征构思、结构设计、零件设计、工艺规划和作业控制等的基础，从产品开发的宏观过程出发，利用质量功能布置方法，系统地将用户需求信息合理而有效地转换为产品开发各阶段的技术目标和作业控制规程的方法。

传统设计是把设计分成独立、互不相关的若干子部分，各子部分的设计较少考虑彼此之间相互依存、相互影响以及相互协调的关系，只在子部分中孤立、局部地设计，因此所得结果并非系统全局最优。显然，与传统的分析设计方法不同，系统化设计方法是将工程设计任务或机电产品看作技术系统，用系统工程方法进行分析和综合，按产品或系统开发的进程进行设计，并且考虑子系统各部分的相互关联与作用，以及内部与外部的相互制约与相互协调，以求获得最佳的设计方案。系统化设计方法不仅包括设计工作的三大核心要素，即目的和要求、任务和态度、步骤和方法，还包括主观因素、客观因素以及动态因素。主观因素是4 项潜能，即思想和品德、知识和能力、健康和生命、毅力和战术；客观方面的 3 个影响因素是机遇和挑战、环境和协调、条件和利用；设计过程中的 2 个动态因素是学习和致用，检查、总结和提高。

系统化设计是由各个设计要素所组成的一个复杂庞大却条理清晰的整体。它的结构是由许多相互关联又相互作用的部分所组成的不可分割的整体，较复杂的系统可进一步划分成更小、更简单的下级系统，许多系统可组织成更复杂的超系统。正确地使用系统化设计来进行产品设计，有利于设计出更完整、更全面、更具目标性和方向性的产品，有利于整个产品的定位与发展。

第一节 概　　述

一、技术过程

人们的设计对象常是满足一定需求的过程或它所用的实体系统，而人类的客观需求则是设计的原始依据。这个实体系统称为技术系统，而它所服务的过程则称为技术过程。为了更好地理解技术过程，我们需要明确技术的定义。学术界对技术的定义是十分驳杂的，基础层面的技术是单数意义的技术，它是实现人类目的的手段。有一些是单一的技术结构，还有一些是组合而成的技术结构，但它们事实上表现为单一的行为。另一个技术定义是复数的，即技术是实践与元器件的集成，严格说来，我们应称其为技术体，是为完成技术行为而形成的技术整体。作为一般意义的技术是指能在某种文化中得以运用的装置与工程实践的集合。技术集合由单数意义上的技术组成，技术内部的一致性不断将具体的技术紧密联系在一起。

人作为产品的管理者、设计者、消费者、使用者以及经营者对产品的存在与否起着决定性作用。人这一决定因素自始至终伴随着产品从无到有再到最终丢弃的全过程。从产品设计的过程来看，每个环节也是与人密不可分的。设计的目的是为满足一定的生产或生活需求。为了满足这种客观要求，常需经过一定的过程，如图2-1所示。例如，为得到

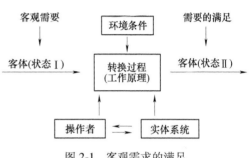

图2-1 客观需求的满足

合乎一定要求的轴类零件，可通过车削过程来实现。轴的坯料通过车削过程，其形状、尺寸、表面性质等产生了一定变化，得到了合乎要求的轴，满足了客观需求。这一过程可应用金属切削理论中的车削原理，并由操作者通过车床实现。当然，车削不是满足这一需求的唯一过程，还可以视条件采取轧制、锻造、磨削、激光成形等过程。由此可以看出，满足需求的过程体现了某种工作原理，而且这个过程可在预定的环境条件下，由操作者通过一定的"实现体系"车床（或冷轧机、精密锻机、磨床、激光成形机等设备）来完成。

在技术过程中，客体接受操作者及技术系统施加的作用，使客体状态产生改变或转换，从而使客观需求得到满足的物质称为作业对象（或处理对象）。对所有技术过程而言，作业对象可归纳为能量、物料和信息三大类。例如，加工过程中的坯料，发电过程中的电量，控制过程中的电子信号等。只有在技术过程中转换了状态，满足了需求，才是作业对象。例如，为得到某种复杂形状的金属零件，可通过编程在加工中心上对"坯料"进行加工，如图2-2所示。

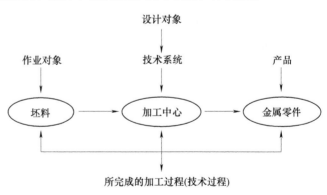

图2-2 坯料加工的技术过程

从另一个角度来看，技术过程是一个人工过程。通过这一过程，使作业对象在一定环境条件下，经过操作者及技术系统共同施加的作用，有计划、有目的地产生预期的转变，获得能满足客观需求的结果。因此，技术过程是在人-技术系统-环境这一大系统中完成的。此外，满足一定需求的技术过程不是唯一的，因而相对应的技术系统也是不同的。技术过程的

实现必须依据一定的工作原理。例如，前述轴的车削技术过程，它的工作原理就是车削原理。

二、技术系统

技术系统是确定的人工系统的通称，由多个子系统组成，并通过子系统间的相互作用实现一定的功能。技术系统如图 2-3 所示，它是以一定技术手段来实现社会特定需求的人造系统，它和操作者一起在技术过程中发挥预定的作用，使作业对象进行有目的地转换或变化。技术系统可以是机械系统，也可以是电气或其他系统；可以是机构，也可以是仪器、机器或成套设备。

以压力机技术系统为例，如图 2-4 所示，输入给它的是机械能、板料和控制信息，经过技术系统的转换，得到成形的工件及显示信息，在转换的过程中，伴随着振动和噪声。由此可见，技术系统是由各种复杂的要素所组成的：经验形态的技术要素（技能、技巧、诀窍），实体形态的技术要素（生产工具、科学仪器），知识形态的技术要素（技术知识）。而且各种技术要素之间是相互联系、相互渗透、相互制约的，从而构成了复杂的技术系统。技术系统具有结构层次性，包括基础技术系统、职业技术系统、行业和产业技术系统、社会大技术系统。所谓的基础技术系统包括机械技术、物理技术、化学技术、生物技术、信息技术和社会控制技术等，在技术系统中是处于基础地位的子系统。职业技术系统，作为一种劳动职业的基础技术，是微观层级的技术系统类型，是一种现实性的生产技术。行业和产业技术系统，是由不同或相同类型的技术个体，按照相同行业的规范与分工协作原则组合而成的，是相关专业技术类型的群体构成的中观层级的技术系统类型。社会大技术系统是当代社会的产物，它是当代大科学、高技术、实产业、新经济紧密结合而成的技术圈层结构。例如，作为服务产业的医疗保健技术系统，它既离不开药品、医疗器械的制造业，也离不开医学科学与知识等教育业的支持。

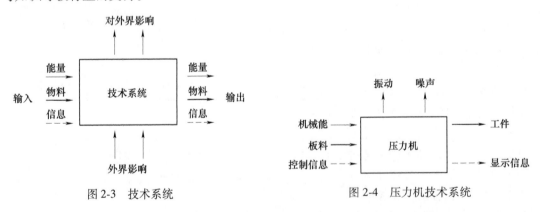

图 2-3　技术系统　　　　　　　图 2-4　压力机技术系统

此外，一个技术系统的实质就是一个转换装置。通常，主要传递信息流的技术系统称为仪器；主要传递能量流与物料流的称为机器。其中有的机器以转换能量为主，如电动机、汽轮机、锅炉；有的以转换物料为主，如机床、管道输送系统等。

在技术的发展历史中我们可以发现，技术总是呈现出这样的循环状态：为解决老问题去发明新技术，新技术应用过程中又出现新问题，而解决新问题又需要更新的技术。技术的产生总是伴随着人类的需求与目的。严格地说，一切有目的进行的活动都遵循着一定的方法论模式，因而不得不把一切有目的的活动都归结为技术活动。雷达、激光等物理技术，或是社会组织或运行机制等非物理现象的技术，这些都是我们所说的有目的的系统。人类的需求在新技术的创造发明中发挥了巨大的作用，一项技术的产生就是为了达到某一目的。从逻辑上看，人类的目的就是技术活动的起点，目的会转化成技术发明过程中的一系列要求和条件，成为技术发明创造以及改进的原动力。

当我们假设发明起始于一个需求时，我们需要找到一个实现某种需求的解决办法。这个需求可能来自于政治策略的变更、经济环境的变化、社会挑战、军事需求。但需求通常并不来自于外部刺激，而是源于技术自身。再多的外部刺激最终也要转译为可行的技术语言，要回归到可操作的技术路线，这时需求就只是技术上的需求。如飞机原有的发动机无法在高纬度中带动螺旋桨转动，为了解决这个问题，就需要一个不同于活塞螺旋桨的原理。不同的目的性活动不仅会产生各式各样的新技术，还能够使一项技术具有丰富的技术形态。我们以全球定位技术为例，它的功能虽然是定位，却必须要和其他技术要素相组合才能发挥作用，手机定位、飞机导航、土地勘探等，它们可作为独立的一项技术却主导着不同的组合，便具有了不同功能的技术形态。同样，算法、交换机、路由器、中继站，乃至量子技术的元素，都可以按照不同的目的组合匹配起来发挥作用。正是因为多样的目的性活动，才会产生多样的技术形态。新的技术是将特定的需求与可开发的现象连接起来，并能满足需求。而这样的技术发明过程则要等到将原理转译成技术元件之后才算完成。因此，技术的产生同样离不开现象和原理这两大要素。

研究技术过程的目的在于寻求和合理确定满足客观需求的最佳设计目标。设计中选定技术过程的重要作用在于它从根本上决定了解答方案的方向。通过技术过程分析选定的最佳设计目标，可能是满足客观需求的技术过程，也可能是实现所选定技术过程的技术系统。技术系统的内容如图 2-5 所示。

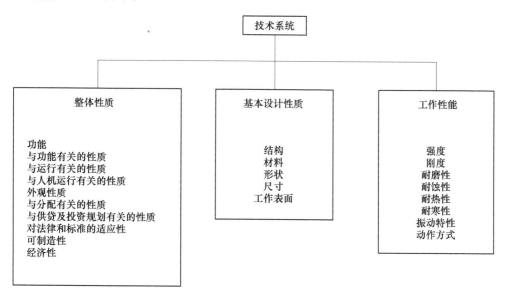

图 2-5 技术系统的内容

需要说明的是，技术系统一直是在变迁、变化、变革的。对于技术系统而言，所有的进化都是演化，但并不是所有的演化都是进化。从算盘到计算机是进化，但从二极管到三极管则是演化；从黑火药到黄色炸药是进化，但从黄色炸药到三硝基甲苯TNT炸药则是演化；从罗盘到全球卫星定位系统是进化，但从卫星定位系统到北斗导航系统，则是演化。技术系统可以分为基本原理、自然现象、需求与目的、结构设计4个子系统，在第一次工业革命之前4个子系统都可以作为序参量参与技术系统的演化，使得其整体性的功效越来越优良。但从第二次工业革命开始，只有在基本原理层面有了格式塔型的进化，比如从牛顿力学到麦克斯韦方程组的理论跃迁，技术系统的整体性进化才会发生，才会从蒸汽时代进化到电气时代。从电气化时代进化到原子能时代，同样是其背后的物理学发生了格式塔型的进化，从电磁理论再次进化到量子理论和狭义相对论，才使得第3次工业革命的能源技术发生了跃迁式突变。

三、系统与环境

设计人员所设计的产品是以一定技术手段来实现社会特定需求的人造系统，如机床、离合器等。它是依赖于所处的环境而发挥作用的。这里所说的环境，是指与技术系统发生相互作用和联系的全部外界条件的总和。环境对建立的技术系统起着限制的作用。将系统环境理解为系统边界外一切对系统有影响的事物集合。系统环境对系统的影响可以理解为它们之间的相互作用，这种相互作用又都弱于系统成分间的相互联系或相互作用，这里的所谓"弱"是由被研究者的研究范围判定的，因此，系统与环境的划分是相对的，它们之间存在着相互作用和联系。系统环境在系统边界外围，环境对系统的作用表现为输入；系统又身处系统环境内部，系统对环境的作用表现为输出。环境对系统有两种截然相反的输入。首先，环境为系统的设计、生产、运行和发展提供了空间、时间、物资、人力、信息等多方面的支持，这些有利于系统的支持被称作环境对系统输入的"资源"。与此同时，环境也会对系统产生不利的、消极的影响，有限的空间可能会限制系统的发展，物资的短缺可能迫使系统减小规模等，这些影响称作环境对系统输入的"压力"。当然，系统也对环境有两种截然相反的输出。系统运行和发展，向环境输出有利的作用，例如空调系统改善室内温度、湿度环境等，这称作系统向环境输出的"功能"；系统在设计生产和运行中也可能对环境产生不利的影响，例如废水的排放污染水体，这称作系统向环境输出的"污染"。系统与环境相互影响、相互塑造，当资源大于压力，功能大于污染，系统和环境能够一同持续健康发展。

四、设计的系统化

系统化设计方法是把设计对象看作一个完整的技术系统，然后用系统工程方法对系统各要素进行分析与综合，使系统内部协调一致，并使系统与环境相互协调，以获得整体的最优设计。运用系统化设计方法进行原理方案设计的主要步骤如下。

（1）明确设计任务　把设计任务作为更大系统的一部分，研究社会需求与技术发展趋势，确定设计目标，并分析设计的产品将产生的社会、经济、技术效果。在尽可能全面掌握有关信息，深入掌握需求实质的基础上，以表格形式编写出设计要求表，并将其作为设计与评价的依据。

（2）确定系统的整体目的性　系统的整体目的性也就是系统的总功能。把设计对象看作黑箱，通过对系统与环境输入和输出关系的分析，明确系统的整体功能目标和约束条件，由功能出发去决定系统内部结构。

（3）进行功能分解　系统是由相互联系的分层次的诸要素组成的，这是系统的可分解性和相关性。通过功能分析把总功能分解为相互联系的分功能（功能元），使问题变得易于求解。分功能的相互联系可用功能树或功能结构图表达。

（4）分功能求解　功能是由具体的结构实体来完成的。通常，简单的分功能对应着相关的工作原理。分功能的求解就是通过工作原理去获取实现分功能的实体结构。

（5）将分功能求解综合为整体解原理方案　用形态学矩阵表达分功能求解的结果，将相容的分功能求解综合为整体方案。综合时从最重要的分功能的较优解出发，追求整体最优。整体原则是系统方法的核心，这一原则认为，任何系统都是由部分组成的，但整体不等于部分的机械相加，这是由于各部分之间的相互作用、关系和层次产生了系统的整体特征。最后组成几个整体方案，通过评价比较，筛选出或综合为1~2个原理方案，作为继续进行技术设计的基础。

系统化设计考虑问题全面而系统，不仅从宏观角度去考虑问题，而且从微观角度研究和解决设计中出现的问题，使产品设计工作得以全面、稳定、协调和可持续地开展，是产品设计特别是原理方案设计的有力工具，对于开阔设计思想、提高设计水平起着有益的作用，进而使设计工作成为全面应用现代知识和技术的一项具有明显时代特色的创造性活动。

第二节　明确设计任务

系统化设计的首要工作是必须对设计的技术系统提出详细而明确的设计要求。它像一个圆筒，笼罩着整个设计过程。它既是设计、制造、试验鉴定的依据，也是用户衡量的尺度。所以，正确地确定设计任务是设计成功的基础。设计任务要求目标详细、明确、合理而又先进，并初步判断这些要求是否有可能实现。

一、需求识别

任何技术系统的开发都是从某种需求的识别开始的。这种需求的提出对象可能是用户，也可能是设计、经营人员。开发者要思考所开发系统要满足的需求类型以及识别需求的方法与原理。

1. 需求类型

（1）市场需求　例如，某汽车公司针对市场上汽油短缺的情况，需要研制更省油的汽车。

（2）商业需求　例如，一个培训公司需要开发一个新的课程来增加收入。

（3）顾客需求　例如，某电力公司需要一个项目，来建立新的变电站向一个新的工业开发区提供电力资源。

（4）技术领先需求　例如，一家电子公司在计算机内存要求不断增加的情况下，需要开发一个更大内存的计算机。

（5）法律需求　例如，一家涂料生产商授权一个部门来制定该公司处理有毒物质的指导方针。

（6）社会需求　例如，一个发展中国家的某民间组织需要批准一个项目，向霍乱高发的低收入社区提供饮用水系统、公共厕所和卫生教育。

2. 需求识别方法与原理

（1）头脑风暴　它是一种快速大量寻求解决问题构想的集体思考方法，其基本原理主要有两条：只专心提出构想而不加以评价；不局限思考的空间，鼓励天马行空，想出越多主意越好。

（2）焦点小组　它一般由一个经过研究训练的调查者主持，采用半结构方式（即预先设定部分访谈问题的方式），与一组被调查者交谈。它是从研究所确定的全部观察对象（总体）中抽取一定数量的观察对象组成样本，根据样本信息推断总体特征的一种调查方法。

（3）用户访谈　它是一种用户体验研究方法。研究人员通过询问一个或多个用户感兴趣能够交流的话题（如系统的使用、日常行为和习惯等）来深入了解这些话题。

（4）问卷调查　它是指通过制定详细周密的问卷，要求被调查者据此进行回答以收集资料的方法。它通过应用社会学统计方法对量进行描述和分析，获取所需要的调查资料。

需要说明的是，认识到一种需求，本身是一个创造过程。而能否识别需求，关键是有一个"问题意识"的头脑，只有细心观察，不满足现状，才能感到有问题，才会去探索。我们不仅要观察人们显而易见的需求，更要注意发现潜在的需求。在需求的有效识别中，要善于抓住问题的实质。以宝洁公司为例，20世纪90年代宝洁公司进入中国市场，为了能够更好地占据中国市场，做到区别于对手的独特性，针对中国女性长发且发质黝黑的特点专门定向研制开发了一款侧重令头发更乌黑柔顺的洗发露。这款洗发露研制了将近两年，其带着开发者们的欣喜与期待进入市场，可到最后销量惨不忍睹。其原因就是没有认识到进入改革开放后中国女性审美观点的变化，其染发、烫发、拉直等快速变为爱美女士们的喜好，对于洗发露的需求也随之更改，单纯的乌黑已经不再是中国女性的偏好了。宝洁公司没能注意发现改革开放后中国女性对洗发露的潜在需求，抓住审美观点的问题实质，从而导致了研发、生产、销售环节几百万美元均付之东流，从而给企业造成巨大的损失。

二、调查研究

调查研究是针对一个特定的目的或任务，对有关情报资料进行系统收集和分析，并提出意见结果的过程。因此，设计者要用自己收集的资料信息，对设计的任务要求进行检查和思考。

1. 市场需求分析

1）消费者对产品功能性能、质量和数量等的具体要求。

2）现有类似产品的销售情况和销售趋势。

3）竞争对手在技术、经济方面的优缺点及发展趋向。

4）主要原料、配件和半成品的现状、价格及变化趋势等。

2. 可行性分析

1）技术分析，即系统实现的难点和创新点。

2）经济分析，即成本、性能价格比分析。

3）社会分析，即产品开发的经济效益和社会效益。

3. 可行性分析报告的内容

1）产品开发的必要性、市场调查和预测情况。

2）有关产品的国内外发展水平及趋势。

3）从技术上预期能达到的水平。

4）需要解决的关键技术问题。

5）经济效益、社会效益的分析。

6）投资费用及时间进度计划。

7）现有条件下开发的可能性及准备采取的措施。

三、拟定设计要求

设计要求作为明确设计任务阶段的成果，它将作为设计与评价的依据，一般涉及产品功能和性能、设计参数和相关的指标、制造和使用方面的限制条件等相关条款。

1. 对设计要求明细表的要求

对设计要求的描述应正确、完整，没有含糊不清之处，保证满足设计任务所反映的需要；应考虑当前水平、未来可能的发展及本企业的条件，合理处理各项要求的先进性问题；应该用对所需获得效果的说明（即系统应该做什么），而不是用取得这些效果的手段（即系统应该是什么），来构成设计中的问题和要求。各项要求应尽可能定量，并给出其允许偏差。有关数据应符合标准化、系列化的要求。各项要求应保证协调、相容，不应有无法调和的矛盾。应根据各项要求的重要性和性质划分为要求或愿望。

2. 设计要求明细表的内容和表达

各项要求按性质可分为必达要求、最低要求和希望要求。

1）必达要求。它是由设计任务所规定的，这些要求是无论如何都必须达到的，否则系统功能便无法实现，这是最起码的要求，例如功率、速度、流量等。

2）最低要求。它反映了设计的约束条件，例如效率、噪声的限制等。

3）希望要求。它是在可能条件下希望考虑的要求，有一定宽容余地，例如希望集中操控、维修方便等。

各项要求应从数量和质量两方面加以说明，否则设计就没有确定的结果。例如，数量应包括所有关于数目、件数、质量、功率、流量、生产能力等方面的说明；质量应包括所有关于允许误差、特定的如耐热带气候、耐腐蚀或抗震等方面的要求。

3. 摩擦离合器试验台设计要求明细表的编制实例

要求该试验台能对承载质量为 2.5t 以下的汽车摩擦离合器进行台架试验。试验内容如下。

1）对离合器在整个工作参数（负载和转速）范围内进行工作特性试验。

2）能测量并记录试验过程中的离合器转矩、负载转矩，主、从动轴转速，以及有关各点的温度瞬时值。

3）试验台能采用计算机自动控制及数据处理。

4）制造成本不超过 10 万元。

5）半年内完成设计工作，一年内完成样机试制。

制定的摩擦离合器试验台设计要求明细表见表 2-1。

表 2-1　摩擦离合器试验台设计要求明细表

	修改	要求/愿望	要　　　求	负责人
几 何		要求	安装试件最大外径：$D=254$ mm　长度：$L=330$mm	
			运动	
		要求	转速：接合相对转速 $n_r=10\sim3000$r/min	
			无级调速：n_r 为主、从运动接合前的相对转速	
		要求	离合器脱开行程（max）：40mm	
		要求	离合器接合速度：$0.5\sim6$s/全行程（约 $1.5\sim22.5$m/全行程）	
		要求	离合器接合频率（max）：5 次/min	
力		要求	主动转矩（max）：250N·m	
		要求	负载转矩（max）：116N·m（可调）	
		要求	离合器脱开力（max）：6000N（可调）	
		要求	被加速惯性矩：$1\sim26$kg·m^2	
		愿望	惯性矩可 5 级提供，至少每级不超过 0.1kg·m^2	
能 量		要求	动力消耗功率：45kW，三相交流 380V	
		要求	供仪器用：220V、50Hz	
			必要时允许采用液压传动	
材料		愿望	用普通钢材或铸铁	
信 息		要求	测量下列各量对时间的变化：主动转速、从动转速、离合器转矩、负载转矩、摩擦面温度（$4\sim8$℃）、压盘厚度、中点和外表面温度	
		要求	接合（滑磨）时间	
		要求	测量结果应能自动记录、存储。由计算机自动检测数据处理	
		要求	试验结果可以打印及在显示屏上列表或用线图显示	
		要求	测量点要能装传感器（测量点在回转件），并能将信号引出	
安 全 和 人 机 关 系		要求	极限转速要监视和限制，有报警和安全措施	
		要求	离合器的温度监视，有报警和安全措施	
		要求	高速回转件：应经动平衡（如有飞轮）	
		愿望	操作简单可靠，便于观察各种仪器	
		要求	可以手控操作和自动控制	
		愿望	更换试件方便	

（续）

	修改	要求/愿望	要　　求	负责人
加工和检查		要求	加工的零件为单件生产	
		愿望	尽量用标准件或外购件	
		愿望	尽可能在本单位加工	
		愿望	尽可能用国产器件	
		要求	主动轮和从动轮的同心度要检查	
		要求	飞轮（如果有）要经动平衡	
		愿望	与安全有关的连接要易于检查	
装配和运输		愿望	用通用的装拆工具	
		要求	不需特殊的运输装置和手段	
		愿望	装拆容易	
		愿望	更换试件容易且保证原有位置精度	
使用和保养		愿望	保养维修方便	
回用		愿望	负载转矩消耗的能量尽可能回收利用	
成本		要求	不超过 10 万元	
期限		要求	半年内完成设计工作，一年内完成样机试制	

第三节　功能分析方法

一、功能

功能是产品或技术系统的特定工作能力的抽象化描述，体现了顾客的某种需要。19 世纪 40 年代美国通用电气工程师迈尔斯（Miles）首先提出功能的概念，并把它作为价值工程研究的核心问题。迈尔斯认为顾客要购买的不是产品本身而是产品的功能。

建立技术系统的目的是把一定的输入量转化为满足需求、符合特定目的的输出量。对输入和输出的变换所进行的抽象描述称为系统的功能。设计产品不是着眼于产品的本身，而是通过某种物理形态体现出用户所需求的功能。而功能是从设计要求中抽象出来的，应突出主要任务。表 2-2 是对台虎钳的不同功能表述对其解法的影响。

表 2-2　台虎钳的不同功能表述对其解法的影响

	功能表述	解　法
适度抽象 ↓	螺旋加压	螺旋丝杠
	机械加压	螺旋丝杠、偏心机构
	形成压力	螺旋丝杠、偏心机构、气动机构、液压机构……

二、功能分析

功能分析方法是系统化设计中探寻功能原理方案的主要方法。这种方法是将复杂系统的总功能通过功能分析化为简单的功能元求解，再进行组合，得到系统的多种解法，其优越性十分明显。对于一个复杂的特别是大型的技术系统而言，研究其各个组成要素之间的关系是非常困难的。功能分析是对技术系统中各个组成元素之间关系分析的过程，它是实现产品创新的行之有效的方法，也是实现产品创新的关键技术。在产品创新设计的过程中，采用功能分析的方法能够打破结构设计对设计人员思维的局限，把对产品的结构设计转化为功能设计。功能分析通常采用"图"的表示方法构建技术系统的功能信息模型，确定构成技术系统的各个组件及各组件间的作用关系。目前，很多学者对功能分析方法做了一定的研究。以豆浆机为实例，从产品功能的角度出发，首先抽象豆浆机的总功能，然后将总功能分解为多个分功能，并通过建立产品的功能分解树和功能模型，直观地表达了功能分解过程，为设计人员提供了行之有效的产品概念设计方法。功能分析法的设计步骤及各阶段应用的主要方法如图 2-6 所示。

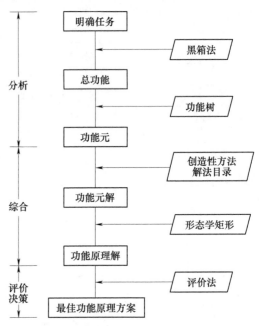

图 2-6　功能分析法的设计步骤及各阶段
应用的主要方法

功能分析在产品设计中的具体作用可以大致归纳为以下几点：一是节省不必要的零件；二是找到成本更低的替代材料，甚至整个产品，例如一些少量零件可以使用 3D 打印材料制作，这样不仅成本更低，而且制作过程方便，使用起来也更加灵活；三是指导设计，例如登山鞋，就是了解到它的功能是帮助登山者攀登崎岖险峻的山峰时，就会想到材质要坚固、防滑性好，这样就能指导登山鞋设计向耐磨、防滑方向改进；四是启发工艺改造，例如，当了解到某些零部件的表面粗糙度对产品没有影响时，在零件制造加工中有些地方可以不精细加工，这样可以节省几道加工工序。功能分析的目的在于以下几点。

1）启发创造性。

2）全面掌握对产品各方面的要求。

3）避免设计的盲目性。

4）全面考虑功能和成本的关系。

在系统化设计中，原理方案拟定一般是从功能分析入手，利用创造性构思拟出多种方案，通过分析—综合—评价—决策，求得最佳方案。原理方案拟定的功能分析，首先是总功能分析。而分析系统的总功能常采用"黑箱法"。

黑箱法是根据系统的输入和输出关系来研究系统功能的一种方法。黑箱法的基本原则是不打开黑箱，利用外部观测，通过分析黑箱与周围环境的信息联系了解其功能，进一步寻求其内部机理及结构的方法。也就是将待求的系统看作未知内容的"黑箱"，分析比较系统的输入和输出的能量、物料和信息在其性质或状态上的差别和关系，就反映了系统的总功能。因此，可以从输入和输出的差别和关系的比较中找出实现功能的原理方案，从而把黑箱打开，确定系统的结构。

黑箱法是将实现给定功能的机械系统看作为一个未知内部功能结构和功能载体的黑箱，通过对其输入量和输出量的全面分析，逐步掌握输入和输出的基本特征和转换关系，寻求能实现这种基本特性和转换关系的工作原理和功能载体的可行方案。黑箱法要求设计者不要首先从产品结构着手，而应从系统的功能出发设计产品，这是一种设计方法的转变。它有利于抓住问题的本质，扩大思路，摆脱传统构造的束缚，获得新颖的较高水平的设计方案。图2-7所示为黑箱示意图。方框内部为待设计的技术系统，方框即为系统边界，通过系统的输入和输出，使系统和环境连接起来。

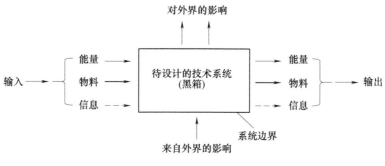

图 2-7 黑箱示意图

图 2-8 所示为自走式谷物联合收割机黑箱的示意图。图中左边部分为输入量，右边为输出量，有能量、物料和信息 3 种形式。图中下方表示了外部环境（土壤、湿度、温度、风力）对收割机工作性能的各种影响因素。图中上方表示收割机工作时对外部环境的影响（噪声、废气、振动）。当总功能的技术系统确定后，黑箱就变为白箱了。

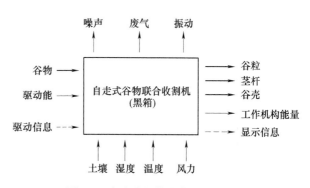

图 2-8 自走式谷物联合收割机黑箱

三、功能分解

一般工程系统都比较复杂，难以直接求得满足总功能的系统解。因此，为了更好地寻求解法，可把机械系统的总功能分解为比较简单的分功能，使其输入量和输出量关系更为明确，转换所需的物理原理比较单一，结构化后零件数量较少，因而较易求解，一般分解到能直接找到解法的分功能为止。总功能是逐层分解的，如图2-9所示。总功能可分解为分功能→二级分功能→功能元，并用树状的功能关系图（功能树图）表达。

功能元是直接能求解的功能单元，功能树中前级功能是后级功能的目的功能，而后级功能是前级功能的手段功能。功能分析方法就是按照一定的逻辑体系把对象系统各组成部分的功能相互联系起来，从局部功能与整体功能的相互关系上研究对象系统功能的一种方法。功能分析方法可以帮助设计者逐步深化对工作原理方案的设计，有利于抓住问题本质，扩大思

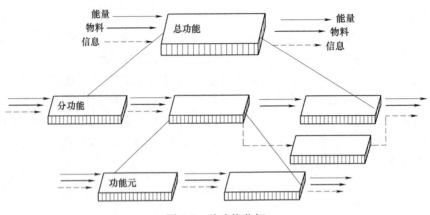

图 2-9　总功能分解

路，摆脱传统设计首先从产品结构着手的旧习，获得新颖的、较高水平的设计方案。这是一种设计观念的转变。例如，对材料拉伸试验机的功能分解而形成的功能树如图 2-10 所示。

四、功能结构与功能模型

1. 功能结构的构建方法

反映分功能或功能元之间的逻辑结构关系称为功能结构。功能结构反映了各分功能之间的关系、顺序和走向。功能结构表达系统物质流、能量流与信息流的相互关系，如图 2-11 所示。建立产品或系统功能结构的过程如下：首先确

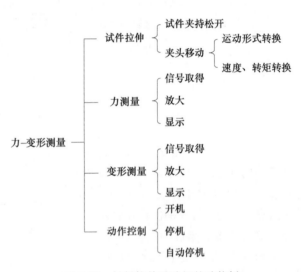

图 2-10　材料拉伸试验机的功能树

定产品或系统的总功能、输入流、输出流；其次将产品或系统的总功能层层分解，直至分解为功能元，建立功能树，结合输入流和输出流，建立功能链；最后将各个功能链连接在一起，得到产品功能结构。

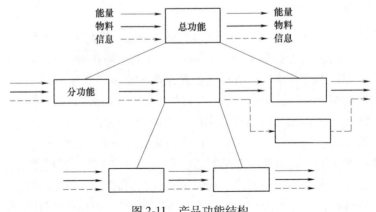

图 2-11　产品功能结构

通常，功能结构可以用类似电气系统线路方式来进行表征，常见的 3 种基本结构形式如图 2-12 所示。图 2-12a 是串联结构，各分功能按顺序相继作用；图 2-12b 是并联结构，各分功能并列作用；图 2-12c 是回路结构，其分功能成环状循环回路，体现反馈作用。

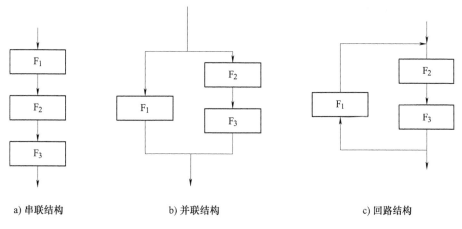

a) 串联结构　　　　　　　b) 并联结构　　　　　　　c) 回路结构

图 2-12　功能的基本结构形式

把分功能按因果关系、时空顺序关系或逻辑关系组织起来，就可以得出功能结构图。建立功能结构图的步骤如下。

1）确定总功能，将能量、物料、信息作为主流。

2）拟定分功能，先拟定主功能，然后补充副功能。

3）建立功能结构，连接各分功能，寻找它们之间的逻辑关系和时间关系。

4）确定系统边界。

5）功能结构的演化，草拟一些变型方案以供比较选择。

分析总功能和分功能只是原理方案设计的第一步，直接影响到设计的方向，因此应细致进行。但有的问题开始时认识模糊，有的问题未能暴露，在设计进展中问题才逐渐深入与展开，所以分功能的分析应随着新的认识进行变动与调整。图 2-13 是根据上述构建方法建立的材料拉伸试验机的功能结构图。

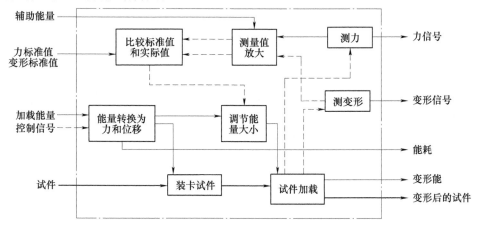

图 2-13　材料拉伸试验机的功能结构图

2. 功能模型的构建方法

对于功能结构而言，它是将总功能进行分解最终希望求得能实现总功能的设计结构，实现创新。而功能模型则是已知系统结构，对其系统分解探究系统存在的问题与不足，解决后从而实现创新。产品创新一方面是功能创新，另一方面则是解决发明问题实现创新。功能模型与功能结构的建立方法虽不相同，但两者存在密切联系。

任何产品作为一个系统，都包含一个或多个功能以满足用户的使用需求。而功能的实现是由执行不同功能的元件所完成的。与功能结构建立过程不同，建立功能模型需要首先将已有系统进行系统分解而不是功能分解，从而得到已有产品所有的元件、制品和超系统。元件是系统的组成分子，制品是系统最终作用对象，超系统是对系统产生影响的其他系统。系统的细分程度视系统问题是否表达清楚决定，而后确定元件之间，元件与制品之间，元件与超系统之间的作用。

功能模型中将系统分为技术系统、子系统和超系统，其中技术系统由多个子系统组成，并通过子系统之间的相互作用实现相应的功能。功能模型表达超系统、系统和制品之间的相互作用关系，其构建过程如下：首先从总功能出发，将实现总功能的系统分解为各子系统，对子系统分解直至找到具有代表性的元件；然后，用动词连接各元件，来表达元件之间的相互作用，应用不同线型代表不同的作用，如有害作用、不足作用和过剩作用。产品功能模型如图 2-14 所示。由于是对元件间作用的分析，因此功能模型主要是对现有产品或系统的改进。

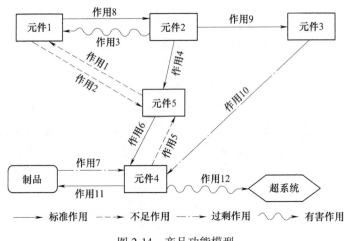

图 2-14　产品功能模型

功能结构和功能模型都是对产品进行功能分析的方法，两种分析过程存在明显区别，但两者之间也存在一定的联系。首先在应用方面，功能结构针对新产品开发；功能模型则主要是对已有产品的改进。在功能分析过程中，功能结构建立需要将新产品的总功能逐级分解得到功能最小单元，即功能元，然后用带箭头的细实线、粗实线和细虚线分别表达出功能元之间能量、物料、信息的流动方向，最终建立出功能结构图。功能模型的建立可以反推功能元的划分是否正确合理。建立好功能模型后，确保功能元划分合理，一方面可以利用效应等工具对功能元进行求解，得到改进产品的设计方案；另一方面可通过对两个或多个产品进行功能模型建立，利用功能的合并与替换进行集成创新。

第四节 分功能求解

一、分功能求解的基本思路

分功能求解即寻求完成分功能的技术实体——功能载体。所谓功能载体，即是实现功能的元件。分功能求解的基本思路可以简明地表达为

功能→工作原理→功能载体

核心功能是产品设计的关键。根据完成与核心功能相关的一系列行为来确定出机械产品的总功能，然后为了更好地寻求机械产品工作原理方案，将机械产品的总功能分解为比较简单的分功能，进而比较容易地求得各分功能的工作原理解。例如，运用分功能求解的基本思路设计一个转矩过载保护装置，进行功能分析，建立技术模型，并尽可能地求出多种功能载体方案，见表2-3。

表 2-3 转矩过载保护装置的功能求解

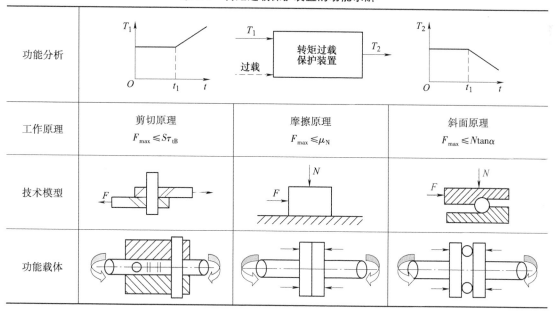

常用的功能元可分为3类，即物理功能元、数学功能元和逻辑功能元。物理功能元可以反映系统或设备中能量、物料、信息变化的基本物理作用。常用的基本物理功能元有功能转换类、功能缩放类、功能连接类、功能传导及离合类、功能存放类等。物理功能元是通过物理效应实现其功能而获得解答的。机械、仪器中常用的物理效应有力学、液气、电力、磁力、光学、热力、核效应等。同一物理效应可以完成不同的功能，同一功能可以用不同的物理效应实现。数学功能元有加减、乘除、乘方开方、微积分等种类。逻辑功能元有"与""或""非"3种基本关系，主要用于逻辑运算和控制。

二、工作原理

在求解的过程中首要的是确定能够实现分功能的工作原理。通常，工作原理有两类。一

类是科学原理，设计者应掌握广泛的科学原理，了解科学的发展动态，善于运用各种形式的知识库。例如，设计汽车开窗机构就可运用绳传动、压力传动、螺旋原理等知识分别设计出凸轮开窗机构、连杆开窗机构和齿轮齿条开窗机构等。另一类是技术原理，是将科学原理具体应用于特定技术目的所形成的。在选用技术原理时，必须要掌握机器工作机理的重要特征和构成要素。通常机器工作机理应具有如下重要特征：一是应充分体现机器的工作原理；二是应有效地实现机器特定的功能；三是反映出机械运动和动力的传递和变换过程；四是应充分表现机器工作行为变化过程。机器工作机理的构成要素主要有4个，即采用什么样的科学技术原理、机器工作对象性质、工作的技术经济性能要求和机器的外在环境。

技术原理是支配技术对象的特殊规律，即实现特定技术目的的基本原理。设计人员必须将科学原理具体应用于特定技术目的才能形成所需要的技术原理。需要注意的是，技术原理只是技术系统的软件部分，依据它与技术系统的硬件（功能载体）结合才能组成一个系统的整体。因此，构思技术原理有3条基本途径：一是把科学原理转化为技术原理，如电力技术、电子技术、原子能技术，其一开始就是建立在科学理论的基础上的；二是从技术经验中提炼，如在热力学出现之前，已根据经验找到了热和功的转化规律，制造出了蒸汽机；三是由已有的技术原理形成新的技术原理，如激光器的出现使得材料热加工、表面热处理、熔化、汽化以及质量检测、测量等形成了新的激光切割、激光表面处理、激光焊接、激光测量等技术。

在寻找实现分功能作用工作原理时，应注意以下几点。

1) 注意明细表上的要求。

2) 在寻找工作原理时，除考虑能实现该分功能外，还要考虑该分功能在总功能中的作用及分功能之间的关系。在可能的情况下，应考虑将几种分功能用同一工作原理来实现，以简化方案。

3) 对于同一分功能可以相应地提出几种工作原理，以便在方案的构思和评价筛选时有较大的选择余地。

4) 可借鉴汇集前人经验设计的工作原理方案目录。

三、功能载体

1. 功能载体的概念

设计者确定实现分功能的技术原理相当于确定了技术系统的"软件"部分，需要形成技术系统的"硬件"（技术实体）才能组织成一个完成分功能的技术系统。这个技术实体我们称之为功能载体，也就是说功能载体是实现工作原理的技术实体。

2. 技术模型

由技术原理转化为技术实体往往要通过技术模型来试验验证。所谓技术模型是技术原理、技术思想在试验条件下的物化，是具体体现技术原理的模拟系统，是通过机械结构、电子线路等各种技术手段制成的可以在一定工程上进行试验研究的实物模型。通过对它进行模拟试验研究，为技术原理的验证、完善和修改提供可靠的试验根据，为技术设计提供各种关键参数。

3. 功能载体的属性

功能载体是以它所具有的某种属性来完成某一功能的，如物理化学特性、运动特性、几何特性和机械特性等。功能载体的不同属性直接影响功能载体的结构形式。一般说来，物体的功能是物体的特定属性在特定条件下的反映。例如，一对齿轮可实现传动这一功能，其传动比取决于瞬心线特性（节圆直径比值），其瞬时传动比特性取决于齿廓特性。

功能载体的属性有显见与潜在之分。所谓显见属性是指人们过去的需求所利用的物体属性。显见属性能使人们完成常规功能，可以加速设计进程，降低成本。潜在属性是在不同条件、不同关系中物体所显露出来的新属性。潜在属性能使物体实现非常规功能，可以使设计者开发新的设计。例如，在不同条件下利用螺旋面的几何特性，可以完成多种截然不同的功能：转动与平移间的运动转换，螺旋桨、风扇扇叶、风轮等的旋转。

此外，功能载体作用对象的属性也与功能载体的结构形式密切相关，只有深入研究加工对象的特性，才有可能设计出工作原理合理的功能载体。例如，"切削"这一功能的对象如切菜、切肉的机理与金属切削不同，使得实现切菜、切肉功能载体的结构与金属切削机床的结构大相径庭。

4. 材料的属性

材料不仅能提供不同的属性，还能提供不同工作原理或改变功能载体的结构。因此，设计者要熟悉传统材料与新型材料的性能并加以利用。新型材料能提供新的工作原理，还能改变原有产品结构。例如，采用陶瓷材料的内燃机就不需要冷却系统。

四、知识库

为了使设计者能有效地检索和使用资料，建立包括科学原理和功能载体资料的知识库极为重要。

1. 物理效应与现象库

物理效应包括力学、电力、磁效应、光学效应等，建立与各物理效应相对应的实例现象，可方便于人们解决发明的任务。

2. 解法目录

所谓解法目录就是把能实现某种功能的各种原理和结构综合在一起的一种表格或分类资料。表 2-14 为物料运送解法。建立各种类型功能元的解法目录不仅便于设计人员进行参考，而且也有利于存入计算机进行计算机辅助设计。

表 2-4　物料运送解法

机械力	推力			
	重力		摩擦力	

（续）

液气力	负压吸力		
	流体摩擦		
电磁力	磁吸力		

3. 功能-载体词典

把本专业常用功能编为词典的条目，再增加限制性形容词，并按抽象程度编排，然后把技术知识作为素材，归入适当条目之下，如图2-15所示，供启发联想及类比推理使用。我们在设计中常使用的《机械工程手册》《机械设计手册》等也起到知识库的作用。

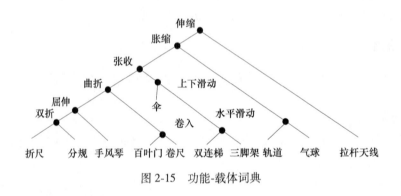

图2-15　功能-载体词典

五、分功能求解的要点

1. 识别问题本质

识别问题的本质要自觉运用辩证思维来分析事物的要素、相互关系、层次、结构和内在矛盾，而不是只停留在表面现象。功能分析在问题的识别中是一种有效的工具。如糖果包装机械的设计，若模仿人手扭紧糖纸的动作，那机械结构就相当复杂而难以实现。通过认识糖果包装的本质是防止糖果之间的粘连和污染后，改用塑料袋式封口包装，既可简化机械结构，又能提高包装效率。

2. 探索工作原理

设计者应当运用发散性思维去寻找各种可能实现该功能的工作原理，并通过试验进行研究。如家用缝纫机的设计，不是手工缝针动作的机械模仿，而是突破原工艺方式的束缚，反复探索而找到针尖引线的可行方式。

3. 变换条件

根据实现工作原理所需的物体属性，并且逐步加上约束条件，选择设计功能载体。

第五节 原理方案综合

一、形态学矩阵

1. 形态分析法

形态分析法由瑞士天文学家兹维基（Zwicky）首次提出，运用形态学来分析事物，是一种系统化构思和程式化解题的发明创造的方法。其主要特征是将研究对象分解为若干基础的构成部分，然后单独对每一个构成部分进行分析，并给出问题解决的若干方案，最终形成解决问题的总体方案。此时，存在着若干个总体方案，因为这些总体方案是通过不同的组合关系得到的，每一个方案的可行性，必须采用形态学相关方法进行分析。形态分析法的一般过程如下。

1）把研究的事物解析为相对独立的基本组成部分，即因素分析。

2）列举各基本因素会具备的形状，即形态分析。

3）以每个单独的因素与各个因素会具备的形态分别为"列"与"行"，建立形态矩阵，经排列和组合得到组合后的方案。

4）从众多组合后的样本中选择最优样本。

所谓形态在技术预测中指的是产品的零部件。作为技术预测的有效方法之一，形态分析法被用于系统地探寻生产某种产品的新的技术方案，其主要过程如下。

1）把产品分解成若干零部件。

2）找出每种零部件的所有可行生产技术。

3）列出所有零部件的所有可行技术的可能组合。

4）对可能组合进行分析和评估，从中找出可行组合。可行组合既是新技术方案出现的机会，也是开发新技术方案的机会。

其特点是把研究对象或问题，分为一些基本组成部分，然后对某一个基本组成部分单独进行处理。分别提供各种解决问题的办法或方案，最后形成解决整个问题的总方案。这时会有若干个总方案，因为是通过不同的组合关系而得到不同的总方案的，所有的总方案中的每一个是否可行，必须采用形态学方法进行分析。兹维基把形态分析法分为以下5个步骤。

1）明确地提出问题，并加以解释。

2）把问题分解成若干个基本组成部分，每个部分都有明确的定义，并且有其特性。

3）建立一个包含所有基本组成部分的多维矩阵（形态模型），在这个矩阵中应包含所有可能的总的解决方案。

4）检查这个矩阵中所有的总方案是否可行，并加以分析和评价。

5）对各个可行的总方案进行比较，从中选出一个最佳的总方案。

此法最大的优点是对一项"未来技术"（即形态模型中的一个总方案）的可行性分析，不足的是当组合个数过多时，即总方案的个数太多时，第4步的可行性研究就比较困难。这种方法既可用来探索新技术，也可用来估计实现新技术的可能性，为探索未来描绘出一条清晰的路径。通常步骤如下。

1）明确用此技法所要解决的问题（发明、设计）。

2）将要解决的问题，按重要功能等基本组成部分，列出有关的独立因素。

3）详细列出各独立因素所含的要素。

4）将各要素排列组合成创造性设想。

下面针对新型微扭力学检测仪器的设计开发，介绍形态分析法。

首先，对微扭力学检测仪器进行因素分析，确定完成微扭力学检测所必备的基本因素。对力学检测仪这类工业产品来说，最好是用功能来代替因素，以利于形象思考。先确定微扭力学检测仪器的总体功能，再进行功能分解，就可得到若干分功能，这些分功能就是微扭力学检测仪器的基本因素。如果我们定义微扭力学检测仪器的总功能为"微扭力检测"，那么以此为目的去寻找其手段，便可得到"安装检测产品""微扭力检测""软件控制检测"3项分功能。

其次，对各分功能进行形态分析，即确定实现这些功能要求的各种技术手段或功能载体。为此，发明创造者要进行信息检索，思考各种技术手段或方法。对一些新方法还可以进行试验，以了解其应用的适用性和可靠性。在上述3种分功能中，"微扭力检测"是最核心的一项，确定其功能载体时，要针对"微扭力"这3个字广思、深思和精思，从驱动技术、采集数据技术、微力技术、干扰技术等技术领域去寻找具有此功能的技术手段。

在运用形态分析过程中要注意把握好技术要素分析和技术手段确定这两个关键点。比如在对微力检测的技术要素进行分析时，应着重从其应具备的基本功能入手，对次要的辅助功能暂可忽视。在寻找实现功能要求的技术手段时，要按照先进、可行的原则进行考虑，不必将那些根本不可能采用的技术手段填入形态分析表中，以避免组合表过于庞大。一旦形态分析法能结合电子计算机的应用，便可从庞大的组合表中进行最佳方案的探索。

形态分析法也是一种系统搜索方法，用来探求一切可能存在的组合方案，属于"穷尽法"。形态分析法的核心是将机械系统分解成若干组成部分，然后用网络图解的方式或形态学矩阵的方式进行排列组合，以产生解决问题的系统方案或创新设想。如果机械系统被分成的部分数量较多，而且每个部分又有很多的解法，那么它的组合方案数量将十分巨大，会产生"方案爆炸"现象。一般应用方案评价方法来选定若干个方案加以决策。

形态分析法是将研究对象视为一个系统，通过系统分析方法将其分解为相对独立的子系统，各子系统所实现的功能称为基本因素，它是构成机械系统中或技术系统中各种子功能的特性因子。实现各子系统功能的技术手段称为基本形态。通过排列与组合方法可以得到多种可行解，经过筛选可从中确定系统的最佳方案。在形态分析法中，因素和形态是两个非常重要的基本概念。例如，对于机械产品而言，它的各分功能（行为）为基本因素，而实现该产品各分功能的技术手段为基本形态。对于任一产品的每一基本因素，均可用多种技术手段来实现，它们被视为对应的基本形态。例如，系统分解后的基本因素为 A、B、C、D，而对应的基本形态分别为 A_1、A_2、A_3、A_4、A_5、B_1、B_2、B_3、B_4、C_1、C_2、C_3、D_1、D_2、D_3、D_4，则可写成表2-5所示的矩阵。由此，从每个基本因素中选出一个基本形态就可以组合成为不同的系统方案。

表 2-5 系统的形态学矩阵

基本因素	基本形态				
A	A_1	A_2	A_3	A_4	A_5
B	B_1	B_2	B_3	B_4	
C	C_1	C_2	C_3		
D	D_1	D_2	D_3	D_4	

形态分析法具有如下特点。

1）所得方案只要能将全部因素及各因素的所有可能形态都排列出来，则是无所不包的。

2）具有程式化性质，主要依靠人们认真细致、严密的工作，而不是依靠人们的直觉美感或想象，此法易于操作。

3）其创新点在于如何进行系统的分解，使之不同于已有的方法，还在于对基本形态的创新构思。

由于形态分析法采用系统化方式构思和程式化方式解题，因而只要运用得当，就可以产生大量的设想，能够使发明创造过程中的各种构思方案比较直观地显示出来。例如，在挖掘机研制工作中，其各主要组成要素及其可能具有的形态，可用表 2-6 表示为形态学矩阵。从挖掘机研制的形态学矩阵可以看出，系统解的可能方案数为 $N = 6 \times 5 \times 4 \times 4 \times 3 = 1440$（种方案），如 $A_1 + B_4 + C_3 + D_2 + E_1 \rightarrow$ 履带式挖掘机，$A_5 + B_5 + C_2 + D_4 + E_2 \rightarrow$ 液压轮胎式挖掘机。

表 2-6 挖掘机原理方案设计的形态学矩阵

项目 基本因素	基本形态					
	1	2	3	4	5	6
动力源 A	电动机	汽油机	柴油机	蒸汽轮机	液动机	气动马达
移位传动 B	齿轮传动	蜗杆传动	带传动	链传动	液力耦合器	
移位 C	轨道及传动	轮胎	履带	气垫		
联物传动 D	拉杆	绳传动	气缸传动	液压缸传动		
取物 E	挖斗	抓斗	钳式头			

2. 形态分析法的运用程序

形态分析法的基本要求主要有两点：一是寻求所有可能的解决方案；二是尽可能具有创新性。形态分析法的运用程序主要如下。

1）明确研究对象。对于研究对象的性能要求、使用可靠性、成本寿命、外观、尺寸、产量等必须逐步加以明确。这是寻找方案的出发点。

2）组成因素分析。确定研究对象的各种主要因素（如各个部件、成分、过程、状态等），要求列出研究对象的全部组成因素和划分，且各因素和划分在逻辑上应该是彼此独立的。组成因素的分析过程也包含着创新思维的过程，不同的人对组成因素及划分的理解可以是不同的。

3）形态分析。依据研究对象和各因素提出的功能及性能要求，详细地列出能满足要求的各种方法和手段（统称为形态），并绘制出相应的形态学矩阵。确定可能存在的、新颖的形态，其中就蕴含着创新。

4）形态组合。按形态学矩阵进行形态的排列组合，获得全部的组合方案。

5）评选出综合性能最优的组合方案。按照研究对象的评价指标体系，采用合适的评价方法，评选出综合性能最优的组合方案。需要指出的是，任何组合方案都不可能面面俱到地达到最优，而只能是综合性能的最优。

二、方案优选

在进行分功能求解之后，我们得到了系统各分功能的解。由于每个分功能的解不是唯一的，因此在进行系统原理方案综合时，就有可能组合成诸多的系统原理方案解。而在诸多方案中要寻求出最佳系统原理方案，一般需经方案比较，由粗到细，由定性到定量进行优选。

首先进行粗筛选，把与设计要求不符的或各功能元解不相容的方案去除。在功能结构中，能量流、物料流、信息流不能互相干扰，并且所组成的原理解具有先进性、合理性和经济性。例如上例挖掘机设计的功能元解的组合，若动力源选电动机，则与液力耦合器、气垫、液压缸传动等功能元解不相容，不能组成可实现的原理方案。其次优先选用主要分功能的较佳解，由该解法出发，选择与它相容的其他分功能解。最后剔除对设计要求、约束条件不满足，或不令人满意的解，如成本偏高、效率低、污染严重、不安全、加工困难等。

定性选取是在比较出几个满意的方案后，再采用科学的评价方法进行定量评价，从中选出符合设计要求的最佳原理方案。从大量可能方案中选定少数方案做进一步设计时，设计者的实际经验起重要作用。因此，要特别注意防止只按常规与旧框框进行设计。继承与创新是贯穿于设计过程中的一对矛盾，设计者要处理好这一对矛盾。

三、设计应用举例

【例】 瓶盖整列装置的原理方案设计。

设计要求：把放置不规则的一堆瓶盖整列成口朝上的状态并逐个输出。瓶盖的形状和尺寸如图 2-16 所示，每个瓶盖质量为 10g，整列速度为 100 个/min，能量为 220V 交流电的高压气（压力 $6×10^5$Pa），其余功能要求见表 2-7。

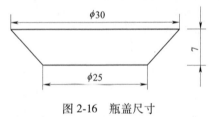

图 2-16　瓶盖尺寸

表 2-7　瓶盖整列装置的功能要求

项目	设计要求	性质
功能	不规则放置瓶盖整列为口朝上逐个输出	基本要求
	整列速度为 100 个/min	必达要求
加工	整列误差小于 1/1000	必达要求
	小批生产、中小型厂加工	基本要求
成本	成本不高于 2000 元/台	附加要求
	结构简单	附加要求
使用	使用方便	附加要求

解：① 明确任务要求。

② 功能分析。

总功能：瓶盖整列，其黑箱模型如图 2-17 所示。

图 2-17　瓶盖整列功能的黑箱模型

功能分解：建立出总功能与分功能之间的功能结构关系如图 2-18 所示。

③ 功能元求解。采用形态学矩阵求解。建立的相应的形态学矩阵见表 2-8。

④ 系统解。由表 2-8，将各功能元的局部解予以组合，可得：$N = 8×6×6×3×7 = 6048$（种系统解）。现列出其中 4 种系统解如图 2-19 所示。

图 2-18　瓶盖整列的功能结构

表 2-8　瓶盖整列装置的形态学矩阵

目标标记		目标特征局部解							
		1	2	3	4	5	6	7	8
功能元	A 输入								
		重力	机械力						液、气力
	B 测向								
		机械测量		气压	磁通密度	光测	气流		
	C 分拣								
		气流	负压	重力	机械式				
	D 翻转								
		重力	气流	导向					
	E 输出								
		重力	机械力						液、气力

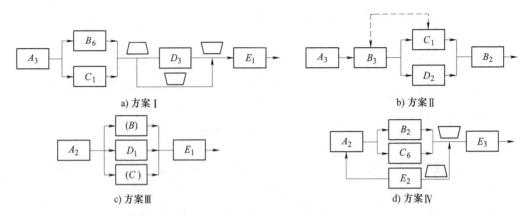

图 2-19 瓶盖整列装置的典型系统解

⑤ 评价与决策。现采用简单评价法进行评价。用"++"表示很好,"+"表示好,"–"表示不好,其评价结果列于表 2-9。

表 2-9 瓶盖整列装置评价表

项目	方 案			
评价方案	Ⅰ	Ⅱ	Ⅲ	Ⅳ
整列速度高	+	+	++	–
整列误差小	–	+	–	+
成本低	–	++	–	+
便于加工	–	+	+	–
结构简单	–	++	+	–
操作方便	–	++	–	+
总计	4 "–"	9 "+"	1 "+"	0

总计结果表明,方案 Ⅱ 为较理想的方案。

至此用功能分析法完成了本例瓶盖整列装置的原理方案设计阶段工作。技术设计阶段主要是确定功能零部件的结构、材料和尺寸,使原理方案具体化。

【学习延读】

系统化设计是人们在长期的社会实践中逐渐探索而形成的,它主要是基于系统工程研究设计的内容,从科学方法论的角度来看待设计的问题。20 世纪 60 年代,欧洲学者总结创新产品设计,以价值论、运筹学、系统论为基础,提出了系统设计论。系统设计认为设计是科学知识的一种产品,即应用科学知识,综合考虑材料、技术条件、社会需求、经济环境等因素进行产品设计。而到了 20 世纪 70 年代末,以钱学森为代表的我国学者创立了"系统工程中国学派"。系统工程中国学派的创立,为人类永续发展、文明永续进步找到了"钥匙"。

钱学森作为我国著名科学家,被誉为"中国航天之父""中国导弹之父""火箭之王",对航天技术、系统科学和系统工程做出了巨大的和开拓性的贡献。钱学森在成长中,无疑受到了传统家风的深刻影响,传承了中华民族的文化基因,使得理想精神、精英意识、家国情怀在他身上得到了淋漓尽致的体现。面对中华人民共和国成立后的百废待举,他毅然放弃美国的优厚待遇,表明心志:"我是中国人,我到美国是学习科学技术的。我的祖国需要我。因此,总有一天,我是要回到我的祖国去的"。面对党和国家交给的时代重任,他毅然挑起了千钧重担,发出心声:"我个人作为炎黄子孙的一员,只能追随先烈的足迹,在千万般艰险中,探索追求,不顾及其他"。钱学森的身上,始终体现着中华文化的智慧和精神,彰显着"计利当计天下利"的胸怀、"修身齐家治国平天下"的抱负。钱学森归国后,为我国航天和国防科技工业奋斗和奉献了几十年,既是规划者又是领导者、实施者。他推动了我国导弹从无到有、从弱到强的飞跃,把导弹核武器发展至少向前推进了20年;推动了我国航天从导弹武器时代进入宇航时代的关键飞跃,让茫茫太空有了中国人的声音;推动了我国载人航天的研究与探索,为后来的成功做了至关重要的理论准备和技术奠基。"十年两弹成",虽是弹指一挥间,但却为我国造就了前所未有的战略力量,赢得了前所未有的国际地位,创造了前所未有的和平环境。

钱学森在晚年总结了他在美国20年奠基、在中国航天近30年实践、毕生近70年的学术思想,融合了西方"还原论"和东方"整体论",形成了"系统论"的思想体系。这是一套既有中国特色,又有普遍科学意义的系统工程思想方法。它形成了系统科学的完备体系,倡导开放的复杂巨系统研究,并以社会系统为应用研究的主要对象。钱学森的科学思想、科学精神,已经与劳动人民的命运紧紧地融为了一体。

钱学森的一生昭示了,系统工程不是从天上掉下来的。70多年来,西方和中国的大规模航天和国防工程的实施,是系统科学体系的实践之基;150多年来,马克思、恩格斯创立了唯物辩证法,是系统科学体系的哲学之魂;2500多年来,先秦的百家争鸣和西方的古代哲学,是系统科学体系的思想之源。系统工程作为一门科学,虽然诞生于20世纪,但却没有停留在过去,而是穿透了21世纪,形成了有巨大韧性的学术藤蔓;系统工程虽然创立于我国,但却没有局限于我国,而是影响了全世界和全人类的发展。

"两弹一星"功勋科学家:钱学森

思　考　题

1. 为什么要明确设计任务?其具体工作有哪些?
2. 什么是功能?
3. 什么是功能分解?

4. 什么是功能分析方法？

5. 如何进行分功能求解？

6. 如何进行原理方案综合？

7. 什么是系统化设计？

8. 系统工程中国学派的创立对中国航天和国防科技具有怎样的重大意义？

9. 钱学森是如何创立和发展系统科学体系的？

第三章
创新设计思维及技法

设计是为了满足社会需要而进行的一系列创造性思维活动，是把各种先进技术转化为生产力的一种手段。设计的核心是创造性，它贯穿于工程技术设计的全过程之中。因此，培养工程技术人员的创造力，对提高产品设计的水平和质量具有决定性意义。

第一节　概　　述

一、常规设计与创新设计

设计是人类特有的能动性的表现，也是人类区别于其他动物的基本特征之一。人类从事任何有目的的活动之前都要有所构思或谋划，这种构思或谋划活动便是广义的设计。

1. 常规设计

所谓常规设计就是以成熟技术结构为基础，运用常规方法而进行的产品设计。

2. 创新设计

创新设计旨在提供具有社会价值的、新颖而独特成果的设计。创新设计在当代企业生产中起着非常重要的作用，具体表现在：一是激烈竞争的市场环境要求生产适销对路的新产品；二是新产品的问世刺激了人们的需求；三是高新技术的应用。

二、设计的本质

设计是以获取为目标前提，即通过设计过程以其创造性劳动实现人们预期的目的。就工程设计而言，因其具有约束性、多解性和相对性的基本特征，因而决定了设计的本质在于创造。

（1）约束性　设计是在多种因素的限制和约束下进行的，其中包括科学、技术经济等的发展状况和水平的限制，也包括生产厂家提出的特定要求和条件，同时还涉及环境、法律、社会心理、地域文化等因素。这些限制和要求构成了一组边界条件，形成了设计人员构思或谋划的"设计空间"。设计人员要想高水平地完成设计工作，就要善于协调各种关系，灵活处置，合理取舍，精心构思，而这些只有通过充分发挥自己的创造力才能做到。

（2）多解性　解决同一技术问题的方法是多种多样的，满足一定目的的设计方案通常也并不是唯一的。任何设计对象本身都是包括多种要素的功能系统，其参数的选取、尺寸的确定、结构形式的设想等都具有很强的可选择性。因此，设计思维的活动空间是广阔的，它为设计人员创造性地发挥提供了天地。

（3）相对性　设计结论或结果都是相对准确的，而不是绝对完备的，这就使得设计人员经常处于一种相互矛盾的情境之中。例如，既要降低成本，又要增加安全性、可靠性；既要能满足近期需要，又要照顾到长远发展；既要功能全，又要体积小，如此等等。这种相互矛盾的要求给设计工作增加了难度，加上事先难以预料的一些不确定因素的影响，使得设计人员在对设计方案进行选择和判定时，只能做到一定条件下的相对满意和最佳。设计的这种相对性特征，一方面要求设计人员必须学会辨证思考，另一方面也给设计人员提供了显示和发挥自己创造才能的机会。

三、创造的特征

作为人类特有的活动方式，创造具有以下几个显著的特征。

1）人为目的性，即创造是由主观能动的人所进行的有目的的活动。

2）新颖独特性，即创造的成果是从来没有过的。

3）社会价值性，即创造的成果对社会是有用的。

4）探索性，即创造需经过长期的摸索和钻研才能取得成功。

四、创造的一般过程

创造作为一种活动过程，一般要经过如下几个阶段。

1）准备阶段，是指提出问题，明确创新目标，搜集资料，进行定向科学分析的过程。

2）创造阶段，是指构思、顿悟和发现等的过程。

3）整理结果阶段，是指验证、评价和公布等的过程。

上述3个阶段是创造过程的一般进程。美国"新产品和过程发展组织与管理协会"顾问弗里德曼（Freedman）提出把发明创造过程归纳为如下7个步骤。

1）意念（发明创造始于意念）。

2）概念报告（包括意念之间的联系及制约关系和把意念转变成实际方案的途径）。

3）可行模型（对概念是否可以实现进行验证的一个步骤）。

4）工程模型（展示概念能否实现其功能的一个重要步骤）。

5）可见模型（从工程模型演变成可见模型的阶段）。

6）样品原型（样品原型不是由发明创造者在试验室制造的，而是在车间制造的）。

7）小批量生产（在生产线上把创造发明实现的阶段）。

以上7个步骤描述了一个发明创造过程的完整程序。应当指出，在计算机模拟技术发展的今天，上述过程中的模型制作工作可以用计算机模拟方式来取代，这将大大缩短整个创造发明的周期。

第二节 创 造 力

一、人的智力因素

创造力是人的心理活动在最高水平上表现的综合能力，是保证创造性活动得以实现的诸多能力和各种积极个性心理特征的有机综合，而不是一种单一能力。

创造力所涉及的智力因素主要有观察力、记忆力、思考力、想象力、表达力和自控力等，这些能力相互连接，相互作用，构成智力的一般结构，如图 3-1 所示。

在智力因素中，观察力是指一个人有目的地感知事物的能力，即对问题的敏感程度；记忆力是指一个人将知识、经验、信息储存于自身大脑中的能力；思考力是指一个人对知识、信息进行加工的能力；想象力是指一个人对知识、信息进行变换的能力；表达力是指一个人对自己头脑中已经产生的新知识、新信息向外界进行输出的能力；自控力是指一个人按照一定的目的和要求，

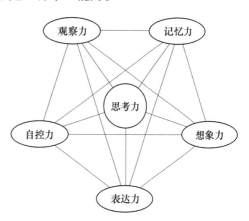

图 3-1 智力结构图

对意识、心理、行为进行自约束、自组织、自协调、自控制的能力。其中想象力和思考力是创造力的核心，是将观察、记忆所得到的信息有控制地进行加工变换，创造表达出新成果的整个创造活动的中心。这些能力和素质，经过学习和锻炼，都是可以改善和提高的。

此外，创造力还包括许多非智力因素，如理想信念、动机、兴趣、情感、爱好、意志、性格等。智力因素是创造力的基础性因素，而非智力因素是创造力的导向、催化和动力因素，同时也是创造力优劣变化的制约因素。

二、创造力的开发

工程技术人员是企业技术创新的骨干，他们创造力水平的高低和发挥状态，不仅直接影响产品的设计质量，而且关系到企业的技术进步和经济效益，甚至决定着企业的兴衰成败。人的创造力是由创造性思维能力、创造性行为能力和基础智力能力所构成的。

1. 创造能力的性质

（1）普遍性 与先天性生理素质有关但不限定创新能力的发展，如俄国作家屠格涅夫脑重 2012 克，而法国作家法朗士脑重 900 多克，他们均获诺贝尔奖；与后天性影响因素的关系较密切，如郝建秀构建了先进工作法，倪志福发明了群钻，华罗庚初中二年级发表数学论文等。

（2）特殊性 个人创新时间的有限性（寿命有限，创新时机有限），且创新时机具有随机性（内因、外因、时间、地点、条件）。

（3）社会性 创造能力是人的社会属性（埃及金字塔、长城为群体实践），个人的创新离不开社会条件（物质条件为工具材料，精神条件为知识、技术、经验、教训），且创新能

力反映了时代的社会发展水平（如都江堰是建成在 2000 多年前的封建社会，长江三峡建成在当代中国）。

（4）能动性　创新能力是智力因素的综合（观察、记忆、思考、想象等），创新能力也受非智力因素的激发（理想、抱负、意志、感情、情绪、精神状态等）。

（5）开发性　创新能力的差异是开发性的前提（英国斯旺制造了碳丝灯泡，他在 32 年后申请专利，美国爱迪生受启发后 4 年内申请相关专利 147 项）；知识的积累是创新能力开发性的理论依据（人脑可存储 7 亿多册书并保持 80 余年，一生实际只利用百分之几）。

2. 创造能力的开发

创造能力的开发首先应破除束缚，自我突破，调动创造性。研究表明，每个正常的人都具有一定的创造力。人的创造力尽管和先天禀赋有关，但主要是在后天的实践中取得的。一是要破除思维定式的束缚，通过强化发散思维，从逆向、多角度、立体思维等考虑问题；二是破除推理思维的束缚，数学家彭加勒认为，逻辑学与发现、发明没有关系；三是破除思路狭窄的束缚，20 世纪 50 年代新疆水电站受河床中沙石的困扰，苏联专家提出弯曲河道离心抛沙，周柱则另辟蹊径提出旋涡漏斗排沙并取得了成效；四是破除崇拜权威的束缚，如哥白尼摆脱亚里士多德的"地心说"创立了"日心说"，爱因斯坦怀疑牛顿经典物理学提出了相对论。

其次，要树立创新意识，经常保持创造冲劲。创造是一种有目的、有意识的活动，只有具有创造意识的人才有可能获得创新成果。通过在熟悉的工作、生活环境中用设问法、列举法等创新技法寻找发明课题，经过调研、比对、设想等对发明进行构思，在对方案合理性、功能完善性、材料可靠性、技术可行性及先进性等分析论证的基础上选择发明的最佳方案。

此外，在创造能力的开发中还要注意：一是要破除对发明创造的神秘感，增强自信心；二是要加强对创造思维的训练，掌握必要的创造技法；三是要克服妄自尊大的排他意识，注意发挥群体的创造意识等。

三、创造力的培养

一个创造型人才一般具有的 5 个特征见表 3-1。

表 3-1　创造型人才的特征

人才特征	描　　述
精神素质	一个富于创新的人必须充满创造的激情。为创造而废寝忘食几乎成为古今中外一切做出发明创造人物的共同写照
怀疑精神	不为眼前的现象所迷惑，不为人的结论所束缚，勇于提出不同的看法，大胆设想，冲破传统
强烈的求知愿望和很强的学习能力	凡富于创造的人都是发奋学习的人，也是具有很强学习能力的人，只有这样，才能积累创造所需的丰富知识
勇于实践	创造是一个艰苦的过程，需要在实践中经历反复的试验与失败，需要具有解决实际问题的能力
群体能力	在科学高度发展的今天，大多数创造活动都是群体活动，具有群体工作艺术将是创造能力的重要组成部分

因此，对创造力的培养应注重以下几个方面。

1）丰富知识和经验的积累。知识和经验是创造的基础，是智慧的源泉。创造就是在已有的知识基础上去开拓新的知识。

2）高度创造精神的打造。创造性思维能力与知识量并不是简单地呈比例关系，还需要有强烈的参与创造的意识和动力。

3）健康心理品质的养成。要有不怕困难、刻意求新、百折不挠的坚强意志。

4）科学而娴熟的方法训练。必须掌握各种创造技法和其他的工程技术研究方法。

5）严谨而科学的管理措施。创造需要引发和参与，也需要对其每个阶段或步骤进行严谨而科学的管理，这也是促进创造发明实现的因素之一。

第三节 创 造 性 思 维

通常，当人们碰到问题时不是依靠已掌握的知识经验去解决，而是将头脑中的各种信息，在新的甚至是突然的启发下重新综合集成，形成新联系后加以解决。这种思维就是与常规思维不同的创造性思维。创造性思维是在整个创造活动中体现出来的思维方式。我们可以把创造性思维概略定义为反映事物本质属性和内在、外在的有机联系，具有新颖的、广义模式的、一种可以物化的思想心理活动。这是人类智慧最集中表现的思维活动。

工程及产品设计离不开创造性思维活动。无论从狭义的还是广义的设计角度讲，设计的内涵是创造，设计思维的内涵是创造性思维。创造性思维是创造力的核心，深刻认识和理解创造性思维的实质、类型和特点，不仅有助于掌握现有的创造技法，而且能够推动和促进人们对新的创造方法的开拓。

一、创造性思维的含义及实质

创造活动是人们对未知世界认识、发现和发明的活动过程。在这一过程中，感觉、知觉、记忆、想象等心理机制都将发生一定的作用。我们把人们在对未知世界认识、发现和发明的活动过程中起主要作用的思维和想象所发挥的作用合起来称之为创造性思维。

创造性思维是在认识不同思维类型的特点、功用的基础上进行的综合运用。

二、创造性思维的特点

创造性思维是多种思维类型的综合。它具有如下特点。

（1）独创性 创造性思维所要解决的问题是无法用常规的、传统的方式去解决的。它要求重新组织观念，以便产生某种至少是以前在思维者头脑中不存在的、新颖的、独特的思维，这就是它的独创性。创造性思维敢于对司空见惯或认为完美无缺的事物提出怀疑，敢于向旧的传统和习惯挑战，敢于否定自己思想上的"框框"，从新的角度分析问题，寻求更合理的解法。例如，20 世纪 50 年代在研制晶体管原料时，人们发现锗是一种比较理想的材料，但需要提炼得很纯才能满足要求。各国科学家在锗的提纯工艺方面做了很多探索，但都未获成功。日本的江崎和黑田百合子在对锗多次提纯失败之后，敢于采用与别人完全不同的方法，他们有计划地在锗中加入少量杂质，并观察其变化，最后发现当锗的纯度降为原来的一半时，能形成一种性能优异的电晶体。此项成果轰动世界，他们也因此获得了诺贝尔奖。

（2）推理性 推理性是创造性思维的特点之一，它能引导人们由已知探索未知，开阔思路。推理性通常表现为 3 种形式：纵向、横向和逆向推理。

纵向推理是针对某现象或问题，直接进行纵深思考，探寻其本质而得到新的启示。

横向推理则通过某一现象联想到特点与它相似或相关的事物，从而得到该现象的新应用。例如，摩擦焊的发明者看到这样一个现象：当车床突然停电时，车刀粘焊在工件上，造成工件的报废。分析其中原因，是由车刀与工件摩擦产生高温所至。由此引发了摩擦焊的发明。

逆向推理则是针对现象、问题或解法，从其相反的方面进行逆推，从另一角度探寻新的途径。

（3）多向性　创造性思维要求向多种方向发展，寻求新的思路。它可以是从一点向多个方向的扩展，提出多种设想、多种答案。它也可以是从不同角度对一个问题进行思考、求解。例如，要解决过河问题，可以考虑通过桥、船、游泳等多种方式，这就是对过河问题的多向考虑。

（4）跨越性　在创造性思维中常常出现一种突如其来的领悟或理解。它往往表现为思维逻辑的中断，出现思想的飞跃，突然闪现出一种新设想、新观念，使对问题的思考突破原有的框架，从而解决了问题。例如门捷列夫就是在快要上车去外地出差时，头脑中突然闪现出未来元素体系的思想；凯库勒是在睡眠蒙眬中梦见苯分子的碳链像一条长龙首尾相接，翩跹起舞，由此悟出了其基本分子结构。

创造性思维的这一特点，从思维进程来说，常表现为省略思维步骤，加大思维的"前进跨度"；从思维条件的角度讲，它表现为能跨越事物"可现度"的限制，这就是它的跨越性。

（5）综合性　创造性思维也是一种综合思维，它既善于选取前人智慧宝库中的精华，通过巧妙结合，形成新的成果；又善于把大量概念、事实和观察材料综合在一起，加以概括整理，形成科学概念和系统；还能对已有的材料进行深入分析，把握它们的个性特点，然后从这些特点中概括出事物的规律。

创造性思维综合性的典型范例，就是美国阿波罗登月飞船工程的创造。美国阿波罗登月飞船是人类历史上最伟大的发明创造之一，它使人类第一次成功登上月球。登月飞船由 700 万个零件组成，2 万家工厂承担生产制造任务，42 万名科学家和工程技术人员参与研制工作，历时 11 年之久，耗资 244 亿美元。这样一个复杂系统是人类智慧综合的产物。把已有的东西加以新的综合，无疑是一种杰出的创造。

三、创造性思维的类型

1. 形象思维与抽象思维

形象思维与抽象思维是依据在思考问题的过程中所运用的"思维元素"表达形式的不同，即思维活动运用的材料形式不同而划分的。

（1）形象思维　形象思维是理性认识，不是感性认识。它所使用的"材料"或思维"细胞"通常不是抽象的概念，而是形象化的"意象"，意象是对同类事物形象的一般特征的反映。例如，在设计一个零件时，设计者在头脑中浮现出该零件的形状、颜色等外部特征，以及在头脑中将想象的零件进行分解等思维活动。再如协和式飞机的外形设计是对鹰的仿生，但其设计构思既非鹰外形表象的简单复现，也非以往飞机外形的照搬，而是根据该飞机的各种功能要求,在"鹰"各种表象的基础上,有意识、有指向地进行选择、组合以及加工后所形成的"新象",是一种既渗透着设计师的主观意图,又与原有表象似是而非的"意象"。运用形象思维可以激发人们的想象力和联想、类比等能力。

(2)抽象思维　抽象思维是以抽象的概念和推论为形式的思维方式。概念是反映事物或现象的属性或本质的思维形式。例如,我们常说的"电脑"这一概念,它反映了各种型号的电子计算机在替代人脑进行计算、模拟和信息处理方面的共同特征。掌握概念是进行抽象思维从事科学创新活动的最基本的手段,如伽利略用抽象思维发现了物体运动的惯性定律。抽象思维是较为严密的思维方式,科学的抽象能更深刻、更正确、更全面地反映客观事物的面貌。随着社会的进步、科学技术的发展、现代设计方法的确立,抽象思维的作用将更加重要。

(3)两者关系　形象思维和抽象思维作为人类理性思维中的两种思维形式,虽然所运用的"思维元素"不同,但它们都是以感性认识为基础,都可以认识事物的本质,而且在大多数情况下,两者是常常相互渗透、交互作用的。形象思维不存在固定不变的逻辑通道,这是创新的有利条件;而抽象思维较为严密,但在灵活性和新奇性方面则相对较差。因此,在实际的创新活动中应将两者很好地结合起来,发挥各自的优势,互相补充,相辅相成,这样才能创造出更多的成果。

2. 发散思维与集中思维

(1)发散思维　发散思维又称辐射思维、求异思维。它是指思维者根据问题提供的信息,不依常规,而是沿着不同的方向和角度,从多方面寻求问题的各种可能答案的一种思维形式。发散思维在人们言语或行为的表达上具有流畅、灵活和独特3个明显的特征。流畅性即能在短时间内表达出较多的概念、想法或答案,反映了发散思维的速度;灵活性即不受心理定式的消极影响,随机应变,触类旁通,反映了发散思维的灵活;独特性即能提出超乎常规的新观念或新方法,反映了发散思维的本质。

发散思维在新产品的创新开发中具有特别重要的意义,尤其在技术原理开发时,运用发散思维可以从多侧面、多角度、多领域、多场合对同一技术原理的应用途径进行设想,从而摆脱习惯性思维的束缚,达到独辟蹊径、推陈出新、出奇制胜的效果。影响一个人发散思维能力高低的因素很多,首先是一个人的知识广博程度,其次是改善知识的存储方式,要灵活运用知识。

(2)集中思维　集中思维又称复合思维、聚合思维、求同思维或收敛思维等。它是一种在大量设想或方案基础上,引出一两个正确答案或一种大家认为最好答案的思考方式。集中思维的特征是来自各方面的知识和信息都指向同一问题,其目的在于通过各种相关知识和不同方案的分析、比较、综合、推理等过程,从中引出答案。和发散思维相比,集中思维更依赖于逻辑方法,其结论一般较为严谨。

(3)两者关系　发散思维和集中思维作为人们求解问题进行思考过程中的两种思维形式,实际是针对问题求解时的两个过程要求。在求解问题的初始阶段,我们要运用发散思维对问题的求解提出尽可能多的设想;在求解问题的归结阶段,我们必须依据求解问题的条件和情境,从诸多的可能解中找出较好的一种解。因此,发散思维和集中思维也是相互补充、相辅相成的。

3. 逻辑思维与非逻辑思维

（1）逻辑思维　逻辑思维又称为知性思维，它把科学及其发展作为反思资料，运用概念、命题、推理等思维形式去认识和把握世界的本质；它是注重知识积累，循序渐进，稳扎稳打，步步为营，有条不紊地进行思维的一种方式。逻辑思维以抽象的概念作为基本的思维元素，使用固定范畴，其规则较为程式化，推论严密，结论确定。逻辑思维的操作方式主要是分析与综合、归纳与演绎。

（2）非逻辑思维　非逻辑思维是与逻辑思维相对的另一类思维方式。其基本特征是不严格遵循逻辑格式，表现为更具灵活性的自由思维，而其成果或结论往往能突破常规，具有鲜明的新奇性，但一般或然性较大。非逻辑思维的基本功能在于启迪心智，扩展思路。

非逻辑思维的基本形式是联想、想象、直觉和灵感。联想是指由一事物引发而想到另一事物的心理活动。想象是在联想的基础上加工原有意象而产生出新意象的思维活动。直觉是一种不受固定逻辑规则约束而直接得出问题答案或领悟事物本质的思维形式，它是人类一种独特的"智慧视力"，是能动地了解事物对象的思维闪念。直觉能以少量的本质性现象为媒介，直接把握事物的本质与规律，因此其本质是一种快速推断。灵感是在人们潜心于某一问题达到痴迷程度而又无从摆脱的情况下，由于某一机遇的作用，使得一个人的全部最积极的心理品质（其中包括某些无意识心理活动的作用）都得到调动的一种应激性心理状态，它是人们借助直觉启示而对问题得到突如其来的领悟或理解的一种思维形式。灵感一般具有突然性、偶然性、短暂性等特点。

（3）两者关系　逻辑思维和非逻辑思维虽然是两种根本不同的思维方式，但两者又密切相关，任何一个问题圆满地解决既需要非逻辑思维的启发，它是解决问题的起点和催化剂，同时也离不开逻辑思维的严密推导和科学论证，它是解决问题的基础和保证。一个成功的思维过程应该是按照"扩散—集中—再扩散—再集中"，即"非逻辑—逻辑—再非逻辑—再逻辑"这样一种过程进行的。逻辑思维与非逻辑思维这种既对立又统一的关系和互相交替转化的运动过程，体现了人类认识过程的基本规律。

4. 直达思维与旁通思维

（1）直达思维　直达思维是一种始终不离开问题的情境和要求而进行思考以解决问题的方法。它的优点是直接面对问题的情境，可以较快地达到解决问题的目标，对于解决比较简单的问题特别有效。

（2）旁通思维　旁通思维又称为侧向思维，是一种通过对问题情境和条件的分析、辨识，将问题转换成另一等价问题，或以某一问题为中介，从不同的途径向问题迂回间接地去解决问题的方法，如司马光砸缸救人等。

旁通思维是一种灵活的思维方式，它没有固定的格式，往往从问题的外围着眼。分析问题的情境和要求是旁通思维的重要表现之一。旁通思维在创新性活动中是一种非常有用的思维方式，人们已开发出不少有实际用途且易于操作的创造技巧，如类比法、模拟法、仿生法、移植法、换元法、等价变换法等。

（3）两者关系　旁通思维和直达思维作为解决问题的两种重要思维方式，它们应该是相互作用、互为补充的。尤为重要的是，只有通过旁通思维以后又返归直达思维，才能真正解决所提出来的问题。

第四节　创　造　技　法

创造性活动的正常开展和完成，不仅需要有创造性思维，而且还需要掌握和应用一些有效的创造技巧和方法。

一、智暴法

智暴法是一种通过多人集体讨论或书面交流，相互启迪，激发灵感，从而引起创造性思维的连锁反应，形成综合创新思路的一种方法。智暴法最早是由创造学的奠基人、美国学者奥斯本于 1939 年创立的。它对应的英文是 Brain Storming（BS 法），即头脑风暴之意，故也有人译作"头脑风暴法"。该法主要基于以下出发点：一是认为人人都有创造性能力，集体的智慧高于个人的智慧；二是创造性思维需要引发，多人相互激励可以活化思维，产生更多的新颖性设想；三是可以摆脱思想束缚，保持充分头脑自由，有助于新奇想法的出现，过早的判断有可能扼杀新设想。这种方法特别适合于产品设计中原理方案的构思和设计。

智暴法的中心思想是激发每个人的直觉、灵感、想象力，让大家在和睦、融洽的气氛中敞开思想，自由思考，畅所欲言，充分发表意见，提出创造性见解，提出解决设计问题的方案。最后集中多人智慧在诸多见解中综合出较好的设计方案来。智暴法在运用过程中有不同的方式，常见的有群体集智法、635 法、德尔菲法等。它们的共同特点是通过激智、智慧交流和集智等方式取得创新的效果。

1. 群体集智法

群体集智法来源于 1941 年美国广告代理店副经理奥斯本（Osborn）提出的一种面对面的智力激励法，故又称为奥斯本智暴法或智力激励法。其基本原理是为产生较多较好的新设想、新方案，通过一定会议形式创设较多能够相互启发、引起联想、发生"共振"的条件与机会，有助于开发人们的智慧和创造力。其具体做法如下。

（1）问题准备　确定会议讨论的中心问题，明确目的。问题宜单一，复杂的、涉及面很广的问题，应分解为若干小问题，通过多次会议解决。

（2）确定会议人选及主持人　参加会议的人员一般以 5~15 人为宜。人员的构成要合理，有该问题领域的专家、内行，也要有一些知识面宽阔的外行人参加。

（3）明确会议规则　与会者要遵循自由奔放原则、禁止评判原则、追求数量原则、借题发挥原则等规则。

（4）启发思维，进行发散，畅谈设想　充分运用自己的想象力和创造性思维能力，畅谈自己各种新颖奇特的想法，会议一般不超过一小时。

（5）整理和评价　会后由主持人或秘书对设想进行整理，组织评价人员（一般以 5 人为好）评价。根据事前明确的评价指标进行评价筛选。评价指标包括两部分，其一是科学上、技术上的"内在"指标，主要是衡量设想在科学上是否有根据，在技术上是否先进和可行；其二是生产、市场（用户）的"外在"指标，主要是衡量设想实现的现实性和是否能满足用户或市场的需求。

例如：以往的造船坞，大体造型呈矩形，船在其中建成后才能放水开闸。而现代船舶大多为尾机型船，主机、轴系、螺旋桨的安装调试等大量工作均集中在尾部，当船体焊接建造完毕后还要在坞内停留较长时间，以完成尾部的建造安装工作。日本三菱造船公司在设计香烧船厂时，采用头脑风暴法设计出了能缩短造船周期、提高经济效益的新船坞。具体做法是：组织 3 个设计小组，每个小组分别采用头脑风暴法构思各种设计方案且互相保密。他们先从各自小组的方案中进行评审选优，推出小组认为满意的方案，再经讨论、补充、修改，最后得到了富有创造性的船坞设计新方案。图 3-2 为香烧船厂具有特色的新船坞方案，其创新点在于：在原矩形船坞旁增加了一个供尾部分段建造安装的侧坞室。当第一艘船在主坞内建造时，第二艘船的尾已在侧坞室内开始建造（图 3-2a）；当第一艘船建成出坞后，即将第二艘船的尾部从侧坞室横移至主坞内（图 3-2b）；当第二艘船在主坞内建造时，第三艘船的尾部又已在侧坞室内开始建造（图 3-2c）。这样就大大缩短了造船周期，提高了船厂的经济效益和竞争力。

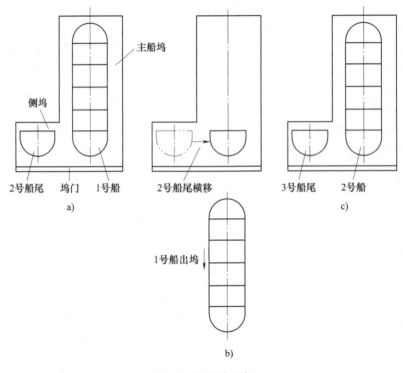

图 3-2　新船坞方案

2. 635 法

635 法是由德国学者提出的。其具体做法是：召集 6 人参加会议，每人针对议题在卡片上写出 3 种设想方案，时间是 5 分钟。然后将卡片互相交换，在第二个 5 分钟内每人根据别人的启发，再在（别人的）卡片上写出 3 种设想。如此循环，半小时内可交换 5 次，得到108 种方案，或者说 6 人所提初始方案都能经其他 5 人做出修改、合成和发展。这种方法采用书面交流的方式，既可以达到相互激智的目的，又可避免多人争着发言而使设想遗漏或发言不普遍，但这种方法由于刺激程度不够，小组的整体积极性难以充分发挥。

二、系统探求法

系统探求法是一种以系统提问的方式打破传统思维的束缚，扩展设计思路，提高创造性设计能力的方法。它又分为设问探求法和列举分析法。

1. 设问探求法

设问探求法是围绕老产品有针对性地、系统地提出各种问题，通过提问发现原产品设计、制造、营销等环节中的不足之处，找出需要和应该改进之处，从而开发出新产品。具体的运用形式有5W2H法、奥斯本设问法等。

（1）5W2H法 5W2H法是针对需要解决的问题，提出以下7方面的疑问，从中得到启发创新构思。这7个方面的疑问，用英文单词表示时，其首字母为W或H，故归纳为5W2H。

1）Why：为什么要设计该产品？采用何种总体布局……

2）What：该产品有何功能？有哪些方法用于这种设计？是否需要创新……

3）Who：该产品用户是谁？谁来设计……

4）When：什么时候完成该设计？各阶段时间怎么划分……

5）Where：该产品用于何处？在何地生产……

6）How to do：怎么设计？结构、材料、形态如何……

7）How much：生产多少……

（2）奥斯本设问法 奥斯本设问法是为了扩展思路，建议从不同角度进行发问。把这些角度归纳成几个方面，并列成一张目录表，此表可针对不同目的设置问题，即先有目标，寻找方法；先有事实，想象用途。主要设问的内容如下。

1）转化：现有的东西（发明、材料、方法等）有无其他用途？原状不变能否扩大用途？稍加改变有无其他用途？

2）引申：能否从别处得到启发？能借用别处的经验发明吗？有无相似的想法可借鉴？有无类似的东西可供模仿？

3）变动：现有的东西可否进行某些改变？改变一下会怎么样？可否改变一下形状、颜色、音响、味道？是否可改变一下意义、型号、运动、结构、造型、工艺等？改变后又将如何？

4）放大：现有的东西是否能扩大使用范围？能不能增加一点东西？能否添加部件、拉长时间、增加长度、提高强度、提高价值、加快转速？放大（加厚、变长等）后会如何？

5）缩小：缩小一些会怎么样？现有的能否缩小体积？缩小（变薄、缩短等）后会如何？

6）颠倒：倒过来会怎么样？上下可否倒过来？左右、前后可否对换位置？正反是否可以倒换？可否用否定代替肯定？

7）替代：能否代用？可否由别的东西代替？能否由别人代替？能否由别的材料、零件代替？能否用别的方法、工艺代替？能否用别的能源代替？可否选其他的地点或部分替代，如材料、动力、工艺等？

8）重组：可否调换元件、部件？是否可用其他型号？可否改成另一种安排？原因和结果能否对换位置？能否变换一下日程？更换一下会怎么样？

9）组合：综合角度分析问题，组合起来会怎么样？能否装配成一个系统？能否把目的进行组合？能否将各种想法进行组合？能否把几种部件进行组合？如何组合（整体、零部件、功能、材料、原理等）？

通过这9个方面的层层发问，都可得到许多新的设计方案，从中优选就可开发出新产品。

举例：玻璃杯的改进设计见表3-2。

表3-2　玻璃杯的改进设计

序号	设问目录	发散性思维	初选方案
1	能否他用	当量具、当灯罩、当火罐、当油灯、做模具、做乐器、做装饰、可食用……	装饰杯
2	能否借用	保温杯、磁疗杯、电热杯、音乐杯、防烫杯……	自热磁疗杯
3	能否变化	塔型杯、卡通杯、香味杯、茶叶组合杯、自洁杯、密码杯、变色杯、防溢杯……	自洁杯
4	能否扩大	多层杯、不倒杯、过滤杯、消防杯、报警杯……	多层杯
5	能否缩小	微型杯、伸缩杯、超薄杯、可折叠杯、扁平杯……	伸缩杯
6	能否颠倒	彩色—素色、透明—不透明、雕花—不雕花、大口—小口……	多彩杯
7	能否替代	纸杯、一次性塑料杯、竹制杯、不锈钢杯、瓷杯……	竹制杯
8	能否调整	酒杯、系列高脚杯、刷牙杯、咖啡杯、旅游杯……	系列高脚杯
9	能否组合	与温度计组合、与中草药组合、与加热器组合、与过滤器组合……	能显示水温的杯

2. 列举分析法

列举分析法是通过尽可能详细地列举所开发产品的各种特性，以便在全面分析的基础上产生更多创新设计方案的一种创造方法。它基于几点：第一，任何人造事物都不是尽善尽美的，总存在缺点和不足，克服缺点就意味着进步，意味着产品的更新；第二，人们的愿望永远不可能完全得到满足，一种需要满足之后，还会提出更高的需求。从列举内容来看，这类方法可分为特征列举法、缺点列举法、希望点列举法等。这种有针对性地、系统地提出问题的方法，可使设计所需要的信息更充分，解法更完善。

（1）特征列举法　通常，事物及其各部分都有其特征（属性），将事物按名词、形容词、动词等分解为若干方面的特征，将每类特征加以改变或延拓，以实现新的设计方案。例如，采用特征列举法改良或开发自行车新品种的方法如下。

1）名词特征。包括性质、材料、整体、部分、制造方法等。如材料有普通碳钢、锰钢、其他合金钢、塑料等。

2）形容词特征。包括颜色、形状、大小等。如颜色可用白、黑、红、墨绿、天蓝、紫红等。

3）结构形状特征。如男式、女式、单梁、双梁、加重、轻便、带链盒、不带链盒、变速、手闸、脚闸等。

4）使用特征。如单人骑、带人、载重、赛车、杂技表演车、儿童玩具车等。

5）动力特征。如人力、电动、气动、风动等。

（2）缺点列举法　缺点列举法是通过挖掘事物的缺点来寻找改进方案。缺点一般可能如下。

1）功能方面：强度不够、刚度差、稳定性差、调节性差、散热差、寿命短、效率低、不安全、运输不便等。

2）使用方面：不方便、不灵活、尺寸或质量过大、使用范围狭窄、人机不和谐、互换性差、维护不便、测量调整困难等。

3）外形方面：不美观、工艺粗糙等。

4）经济方面：成本高、设计制造周期长等。

运用缺点列举法时，首先要做好心理准备，要以不将就、不凑合、不满足的心态来对所要改进的事物列举缺点；其次在分析、整理缺点时要制定创新的目标，要针对主要缺点进行改进设计或逆向思维。

（3）希望点列举法　希望点列举法是通过对事物提出希望点，经过归纳，实现创造。首先要了解人们的需求心理，包括生理、安全、社交、自尊、自我实现、生产和科研需求等；其次要通过广泛征求意见或进行抽样调查来收集希望点，多观察、多联想，紧扣人们的需求；最后是在对希望点分析与鉴别的基础上对现有事物进行改进。

举例：运用希望点列举法改进手表。

1）希望不要紧发条、换电池。

2）希望手表能驱赶蚊虫。

3）希望手表能计时、收看电视节目、通信。

4）希望手表能测体温（血压）。

5）希望手表对人的腕关节部位进行理疗或振动按摩。

6）希望手表具有触动报时功能，以便于盲人使用。

7）希望手表不仅能显示日期，而且具有万年历的功能。

8）希望戴手表时夏天腕部不闷热，冬天腕部不冰凉。

9）希望在手表上插入耳机便可听音乐。

10）希望手表带有夜光。

11）希望手表带有闹铃。

12）希望手表除了方形和圆形外还有其他的形状。

13）希望手表具有五彩的颜色，而且颜色还能随时间或温度变换。

14）希望手表能指示方向。

15）希望能在手表上玩电子游戏。

16）希望设计一种小学生手表，既能计时，又能计算，还能存储课程表。

三、类比法

类比法是利用相似原理把已知对象中的概念、原理、结构、方法等内容运用或迁移到另一个待研究的对象中，找到问题答案或产生新思路的一种创造技法。通过类比，找出事物的关键属性，进行仿形移植、模拟比较、类比联想，从而研究怎样把关键属性应用到待研究的对象中。采用类比法能够扩展人脑固有的思维，使之建立更多的创造性设想。类比法在运用中主要采用以下几种方式。

1. 直接类比

直接类比是寻找与所研究的问题有类似之处的其他事物，进行类比，从中获得启发，找到问题答案或产生新思路。直接类比的典型方式是功能模拟和仿生，如法国卢米埃尔兄弟类比了缝纫机工作原理，使拍摄画面的胶片以每秒 24 幅的速度移动，实现了电影的动态放映。

2. 象征类比

象征类比是用能抽象反映问题的词（或简练词组）来类比问题，表达所探讨问题的关键，通过类比启发创造性设想的产生。这种技巧就是尽可能使问题的关键点简化，并由此找到启发的方法。

例如要设计一种开罐头瓶的新工具，就可以选一个"开"字，先抛开罐头瓶问题，从"开"这个词的概念出发，看看"开"有几种方法，如打开、撬开、剥开、撕开、拧开、揭开、破开等，然后再回头来寻求这些开法对设计开罐头瓶工具有什么启发。

3. 拟人类比

拟人类比是指创新者把自身与问题的要素等同起来，设身处地地想象：如果我是某个技术对象，我会有什么感觉？我采取什么行动？采用这种方法可以激发创造热情，促发新设想。

4. 幻想类比

幻想类比是运用在现实中难以存在或根本不存在的幻想中的事物、现象作为原型，据此诱发出创造性思维的方法。

在类比时常常伴随着联想。用联想进行发明创造是一种常用且十分有效的方法。许多发明家都善于联想，很多发明也都得益于对联想的妙用。在进行对比联想时，可从性质属性对立、优缺点、结构颠倒、物态变化等角度去尝试联想。例如激光热效应可用于焊、割、钻，甚至产生更高的温度激发核聚变，美籍华裔朱棣文据此提出的激光冷冻原子获 1997 年诺贝尔奖；对于胶水，人们习惯认为粘得越牢固越好，1964 年美国化学家西尔弗制成一种新胶，它因能粘东西却粘得不牢被搁置，9 年后被一产品开发商看中，用来制成各种各样的商标或标签，因可重复使用，还可印制得很精致，而深受人们喜爱；在车床上加工工件一般将工件装夹在卡盘上进行卧式旋转运动，而刀具进行进给运动，但尺寸大的工件采用这种结构是不行的，将车床装卡的卧式结构改变为对立的立式结构，则可以较好地解决大尺寸零件的加工问题。

5. 综摄类比

综摄类比（Synectics）是由美国麻省理工学院教授戈登（Gordon）首创的。这是一种从已知推向未知的创造技法。综摄类比法的原理是基于发明创造，就是要发现事物之间的未知联系，运用非推理因素把逻辑上看似无关的概念联系起来，从而产生全新的构想。在进行综摄类比时需遵循两个基本原则：一是异质同化原则，即运用熟悉的方法和已有的知识，将陌生的事物与早先已知的事物进行比较，根据比较结果提出新设想，把陌生的东西转换成熟悉的东西；二是同质异化原则，即运用新方法"处理"熟悉的知识，暂时抛开问题本身，从陌生的角度以全新的视觉进行探索，这将有利于摆脱习惯常规的束缚，并催生出新颖独特的设想，使熟悉的东西陌生起来。综摄类比实施的基本步骤如下。

1）布置问题。

2）分析、熟悉问题，"变陌生为熟悉"。

3）从其他领域进行类比，"变熟悉为陌生"。

4）分析提出各种类比，并与当前问题进行比较。

5）从比较中找出一个可能解决问题的创新设想。

四、组合创新法

组合创新法是指按照一定的技术需要，将两个或两个以上的技术因素通过巧妙的组合，获得统一整体功能的新技术产物的过程。这里的"技术因素"是广义的，它既包括相对独立的技术原理、技术手段、工艺方法，又包括材料、形态、动力形式、控制方式等表征技术性能的条件因素。组合创新法应用的单元技术一般是已经成熟或比较成熟的技术，无须从头开发，因而可以最大限度地节约人力、财力和物力。一项对1900年以来480项重大技术成果的统计分析表明，技术发展的形式从20世纪50年代开始出现了一个明显的变化，即单项突破的独创性发明相对减少，而多项组合型技术逐渐占据主导地位。以组合求发展，由综合到创造已成为当代技术发展的主流。

1. 组合方法的类型

组合方法的类型很多，常用的有性能组合、原理组合、功能组合、结构重组、模块组合等类型。

（1）性能组合 性能组合是根据原有产品或技术手段的不同性能在实际使用中优缺点的分析，将若干产品的优良性能结合起来，使之形成一种全新的产品（或技术手段）。

（2）原理组合 原理组合是指将两种或两种以上的技术原理有机结合起来，组成一种新的复合技术或技术系统。例如，把超声波原理同相关技术相结合，就可以形成一系列发明成果，见表3-3。

表3-3 超声波原理与相关技术的结合

与超声波原理相结合的技术	发明成果	应　　用
洗涤	超声波洗涤器	洗涤精密零件，洁净度高
探测	超声波鱼探仪	探测深海鱼群，提高捕鱼量

（续）

与超声波原理相结合的技术	发明成果	应　用
溶解	超声波溶解术	可熔合铅-铝合金
焊接	超声波焊接机	可焊接轻金属薄板，变形量小
钎焊	超声波钎焊机	可钎焊铝、钛等金属，工艺性好
切割	超声波切割机	可代替传统切割方式，振动小，精度高
探伤	超声波探伤仪	可探测材料内部缺陷，不损伤被探测材料
诊断	超声波诊断仪	可诊断某些疾病，提高诊断的准确性
钻孔	超声波钻孔器	可在牙齿、钻石等坚硬材料上钻孔
测量	超声波测量仪	可用于深海测量，测距深，精度高
检验	超声波检验法	可检测材料的弹性模量，准确性高
烧结	超声波烧结术	可烧结粉末金属，时间短，效率高
显像	超声波显像法	可显示颅内图像，帮助诊断病情
雾化	超声波雾化法	可将药液雾化，喷于患处，提高治愈率

（3）功能组合　功能组合是将具有不同功能的技术手段或产品组合到一起，使之形成一个技术性能更优或具有多功能的技术实体的方法。例如，将收音机和录音机组合在一起，制成的收录机，其兼具二者功能，但更方便、实用。再如航天飞机（飞机、火箭）、多功能闹钟（闹钟、百年日历、计算器）、手机（摄像、通信、游戏、读物）、汽车（发动机、离合器、传动装置）、激光（光学、电子学）、手表圆珠笔等。

（4）结构重组　结构重组是改变原有技术系统中各结构要素的相互连接方式以获得新的性能或功能的组合方法。例如，螺旋桨飞机的一般结构是机首装螺旋桨，机尾装稳定翼。但美国卡里格卡图则根据空气浮力和空气推动原理，将飞机螺旋桨放于机尾，而把稳定翼放在机头，重组后的新型飞机具有尖端悬浮系统和更合理的流线型机体等特点。

（5）模块组合　模块组合又称为组合设计或模块化设计。该法把产品看成若干模块（标准、通用零部件）的有机组合，只要按照一定的机器工作原理选择不同的模块或不同的方式加以组合，就可获得多种有价值的设计方案。这种方法适用于产品的系列开发。

2. 组合的手段

在产品设计中对已有技术的综合运用是科学技术各领域在发展中交叉、渗透和组合的必然结果。常用的组合手段主要有以下几种。

（1）检索与选择　设计时应首先对现有的技术原理、结构等知识进行信息的检索并加以有效利用。一般有按从属关系和按类同对应关系两种方式。

如按从属关系对连接件进行检索时，我们以不同锁合原理来建立连接件的从属关系，如图3-3所示。

如按类同对应关系进行检索时，不考虑事物在学科分类上的从属关系，只要发现事物属性有类同对应关系，即可作为原型，探求工作原理，改变条件加以利用。例如，杂技演员用鞭子抽断报纸与割草机把草割断，在完成"切断"功能这一点上是相同的。鞭子抽断报纸的原理是只要有足够快的速度，软的物体也可以切断某些物体。根据这个原理可设计出新型割草机，即利用高速旋转的尼龙线（直径约 2mm）修剪草地。

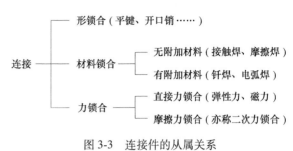

图 3-3 连接件的从属关系

（2）变异 变异是产品自身发展所要求的。变异的常见形式如下。

1）扩大与缩小。扩大与缩小操作，是根据市场发展趋势和用户使用需求对产品进行变换，即 $M \to kM$，其中 k 为变换系数。如汽车轮胎的大型化、电子产品的小型化等就属于这种变换。

2）增加与减少。增加与减少操作，就是对某一主体 M 增加或减去一部分 n，即 $M+n$ 或 $M-n$。这里 n 相对于 M 来说是一个小量。如自行车加里程表、手机加摄像头、空调加换气与空气净化、保温杯加磁化、铅笔的尾部加橡皮、塑料瓶加钩环等的设计就属于增加的变异操作。铁锹面挖出几排孔、簸箕底改成金属网等的设计就属于减少的变异操作，显然被减去的部分不再是产品的组成部分。

3）组合与分解。组合与分解是将两个大体平等的主体 M 和 N 根据功能要求进行变换，即 $M+N$ 或 $M-N$。其中，组合又分为叠加组合和有机组合两类。叠加组合前后，M、N 的形式、功能都大体不变，如混凝土搅拌车、锥形电动机等产品的组合变换。有机组合合成后原有构造经过加工，综合成新的整体，如折叠产品的组合设计。分解操作是将原有的整体根据功能和性能要求分解为两个部分来共同承担，如 V 带传动因径向力较大，分解出卸荷装置使 V 带的拉力由机座承受，轴只传递转矩。

4）逆反。逆反操作与创新思维中的逆向思维密切相关，是从事物构成要素中对立的另一面去分析，将通常思考问题的思路翻转过来，有意识地按相反的视角去观察事物，用完全颠倒的顺序和方法来处理问题。通常采用改变要素间的位置、层次等关系，即 $MN \to NM$，或将某要素改变为相反的要素，即 $M \to$ 非 M。在设计中，改变构件的主动与从动关系、运动与静止关系、高副与低副等都是机构综合中经常采用的方法。如四杆机构的变形中固定不同的杆件，车床与镗床的转换，电风扇反向安装为排风扇等。逆反操作在创新构思中十分重要，是打破老旧框架束缚的重要方法。

5）置换。置换操作是将系统中的某一要素 N 用另一要素 Q 置换，即 $MN+Q \to MQ+N$，以实现期望的功能。例如，输送钢球的管道，在弯道处配置一个吸力适当的磁铁，以平衡钢球沿弯道运动时产生的离心力，避免弯道处钢球对内壁碰撞造成的磨损。

6）变性。一个事物的属性是多种多样的，变性操作是对事物非对称的属性如形状、尺寸、结构、材料等进行变化，以实现期望的要求。如定向爆破、无声铁轨、工艺流程的改变等。

（3）方法库或解法库 把各种操作方法编制成便于查找的图表、手册或存储于计算机，可成为设计工作重要的工具，也是一种启发思路的手段。一般表现形式是操作目录，包括单个操作方法、操作顺序、使用条件和判别准则等。例如不同功能结构的产生规则、构型方案的产生规则等。表 3-4 是四杆机构运动副转换操作目录。

表 3-4　四杆机构运动副转换操作目录

四杆机构图	运动副转换			四杆机构图	运动副转换		
	旋转/旋转	旋转/平移	平移/平移		旋转/旋转	旋转/平移	平移/平移
1 （机构图）	○	⊗	⊗	9 （机构图）	⊗	○	⊗
2 （机构图）	⊗	○	⊗	10 （机构图）	⊗	○	○
3 （机构图）	○	⊗	⊗	11 （机构图）	○	○	⊗
4 （机构图）	⊗	○	⊗	12 （机构图）	⊗	○	○
5 （机构图）	⊗	○	○	13 （机构图）	○	○	○
6 （机构图）	○	⊗	⊗	14 （机构图）	⊗	⊗	○
7 （机构图）	⊗	○	⊗	15 （机构图）	⊗	⊗	○
8 （机构图）	○	⊗	⊗	16 （机构图）	⊗	⊗	○

注：◁ 回转副，▭ 移动副，⬭ 凸轮副，○ 行，⊗ 不行。

五、定量分析法

在工程设计中，有一些问题需要从定量关系、参数分析出发去寻求解答，或即便是以定性分析为主的设计，实际操作上也时时伴随着定量分析。例如人力飞行器的开发设计中，人们一直在探寻如何依靠人自身的力量像鸟儿那样在空中飞翔。直到 20 世纪 70 年代，美国的麦克里迪（Maccready）找到了设计人力飞行器的关键参数：一个强健的飞行员在连续做功的条件下只能发出约 1/4kW 的功率。以此为起点进行如下分析。

1）飞行器的功率 P 与速度 v 的三次方成正比，即 $P \propto v^3$。因此，飞行速度要小。

2）机翼面积 A 与速度 v 的二次方成反比，即 $A \propto (1/v^2)$。因此，机翼面积要大。

3）悬挂式滑翔器的桁架结构的阻力 R 与速度 v 的二次方成正比，即 $R \propto v^2$。

以上述参数分析为基础，从而设计出低速、大翼面、深桁架结构的人力飞行器，实现了依靠人力在空中飞翔的愿望。

六、变体分析法

变体分析法是一种对于零件、机构、产品的发展变化进行系统分析，总结变化规律，找出进一步发展方向的动态分析方法。变体分析的目的是将零件、机构、产品的演化过程，按一定原则分类排列，用以总结变化规律，找出进一步发展的方向。另外，通过该方法还可以发现空白点，及时设计新产品来填补空白。变体分析法着重从不同工作原理建立的技术模型出发，用新思想、新技术重新武装，有利于深刻认识产品本质，开发更为先进的产品。图3-4所示为变体分析法的图状结构。

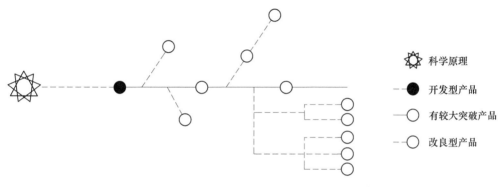

图 3-4　变体分析法的图状结构

七、技术移植法

技术移植法是把一个技术领域的原理、方法或成果，引用到不同技术领域或相同领域的其他研究对象上，用以创造新的技术产物或改进原有技术产物的发明创造技法。其具体运用形式有以下几种。

1. 原理式移植

将某种行之有效的技术原理由它最初运用的技术领域移植到其他技术对象上，以创造新的技术产物。如含稀土元素的钢制构件比一般钢制构件要抗冲击、耐腐蚀，其原因是稀土元素与钢材分子或原子发生相互作用改变了晶体结构，使材料性能发生重大变化。将这一原理移植到磁疗保健用品中，疗效神奇；将这一原理移植到农业生产技术中，经稀土元素处理的农作物的生长速度大为加快。将核聚变原理从军工部门移植到民用部门，用于建立核电站。

2. 手段式移植

将某种行之有效的技术手段由它最初运用的技术领域移植到其他技术对象上，以创造新的技术产物。如将食品工业中的发酵工艺移植到饲料工业。

3. 结构式移植

将某种行之有效的技术结构由它最初运用的技术领域移植到其他技术对象上，以创造新的技术产物。如借鉴滚动轴承的结构将机床的滑动摩擦导轨改成滚动摩擦导轨。

4. 功能式移植

将某种行之有效的技术功能由它最初运用的技术领域移植到其他技术对象上，以创造新的技术产物。如将激光技术移植到医疗卫生中开展的激光手术；使用激光进行机械钻孔、切割、焊接等加工方法。

【学习延读】

创新是一个民族进步的灵魂，是一个社会兴旺发达的不竭动力。而在人类社会创新发展的过程中，形成的工匠精神是创新的立足之本。古代中国，从事"百工之事"者谓之"工匠"。早在 4300 年以前，便出现了有史可载的工匠精神的萌芽。我国最早的记录手工业技术的典籍《考工记》，共记录了包括木工、皮革、染色、陶瓷等 30 个手工内容，反映了古人在开物成务方面的巨大贡献。工匠事迹在史书上有大量记载，最出名的鲁班和墨子都是春秋战国时期颇负盛名的能工巧匠。在中华优秀传统文化的滋养中，形成的中国工匠身上独具特色的创新精神，即工匠精神。古代匠人"技"与"心"化于"道"，这一过程是通过锲而不舍的钻研完成的。只有做到心无旁骛，才能在技术上达到炉火纯青。钻研精神的本质是敬业，它铸就了我国独特的物质文化现象。我国古代艺术精品，一方面，它属于物质产品，在形式上有现实性，其生产过程符合劳动过程的规律，是自然的人化；另一方面，它又属于精神产品，在内容上有幻想的成分，其生产过程符合主体审美的规律，是人的对象化。正是这两方面的融合，造就了具有中国特色的艺术精品。

新时代工匠所具备的开拓进取的创新精神，深得中华优秀传统文化滋养。以《庄子》为代表的道家思想，是中国工匠敬业精神的主要思想来源，是追求精益求精的文化根基。庄子所赞誉的"道"，既包括对技术的精雕细琢，又暗含对事业的长期坚守，这也正是现代工匠精益求精、不断进取的原始状态。理解工匠精神的时代内涵，需要将其置于我国经济社会发展新的历史方位中，形成传承规矩、创新创造、专注专研、精益求精的新时代工匠精神。工匠精神实质上是一种社会主义建设精神，是一种锐意进取的精神面貌，是一种勇于探索的工作态度，是一种不断追求卓越、追求进步、追求发展的理念，是个人保持蓬勃朝气和昂扬斗志的力量源泉。

学习和弘扬工匠精神有助于提高整个中华民族的科学精神，形成尊重科学、勇于创新、乐于奉献的社会风气，通过增强科技实力从而提高我国的综合竞争力。

大国工匠：大巧破难

思　考　题

1. 为什么说设计的实质在于创造？
2. 如何认识创造性思维的实质、类型和特点？
3. 如何开发和培养工程技术人员的创造力？
4. 创造的技巧和方法有哪些？

5. 请举 1~2 个事例来说明如何运用旁通思维的方法分析问题的情境，并思考下列问题：用 4 条连续的折线通过图 3-5 所示的 9 个点。

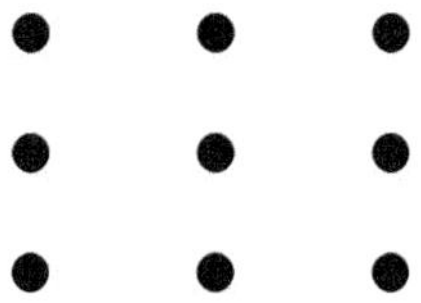

6. 用特征列举法提出改进电风扇的新设想。要求：

1）对现有风扇进行分析并列举属性（名词：整体、部件、材料、制造方法、性能；形容词：外形、颜色；动词：功能）。

图 3-5　第 5 题图

2）对各属性分别提出至少 2 种设想。

7. 为什么说组合创新是当代技术发展的主流？

8. 为什么说工匠精神是创新的立足之本？

第四章

价值设计理论及方法

4

产品的价值分析对于用户和生产者来说都是很重要的，企业成败的关键在于挖掘市场需求与通过设计制造促成人们的购买行为；而用户是否愿意购买产品，即用户对产品的价值判断，直接关系产品生产者的生存问题。只有那些满足了用户需求和价值取向的产品才可能进入消费者手中，企业也才可能在此基础上赢得市场。因此企业在进行产品设计时必须从功能和成本两方面对产品进行价值分析。这种关注产品价值提升的设计思想，是现代机械设计的主要内容和目标。

第一节 概 述

一、价值与价值设计

价值，从认识论上来说，是指客体能够满足主体需要的效益关系，是表示客体的属性和功能与主体需要间的一种效用、效益或效应关系的哲学范畴。价值作为哲学范畴具有最高的普遍性和概括性。从经济学角度来说，价值泛指客体对于主体表现出来的积极意义和有用性，即能够公正且适当反映商品、服务或金钱等值的总额。

工程领域所讲的价值是指某种产品（劳务或工程）的功能与成本（或费用）的相对关系。功能是指产品的用途和作用，即产品所担负的职能或者说是产品所具有的性能。成本指产品寿命周期成本，即产品在研制、生产、销售、使用过程中所耗费的成本之和。衡量价值的大小，主要看功能（F）与成本（C）的比值如何。日常生活中，人们对商品"物美价廉"的要求中，"物美"是对商品性能、质量水平的要求；"价廉"是对商品成本水平的要求。顾客购买时考虑"合算不合算"就是针对商品价值，即产品功能和成本的比值大小而言的，即价值是产品功能与成本的综合反映，它们之间存在的关系为

$$V = \frac{F}{C}$$

式中，V 是产品的价值（实用价值）；F 是产品具有的功能；C 是取得该功能所耗费的成本。

由上式可知，价值设计是在开发产品时利用创造性方法寻求合理方案，在减轻顾客负担的情况下，积极提供最佳功能的产品及优良的服务，以达到使企业效益增加的目标。

与传统设计相比，价值设计摆脱了以产品结构为中心的设计研究，转向以功能为中心的

设计研究。其实质是以功能为评价对象，以经济为评价尺度，通过设计过程找出某一功能的最低成本。

二、价值工程与价值设计

价值工程是一种致力于用最低的总成本可靠地实现产品或劳务的必要功能，着重于进行功能分析的有组织的活动。作为一门新兴的管理技术，价值工程法是降低成本提高经济效益的有效方法。国家标准 GB/T 8223.1—2009《价值工程　第 1 部分：基本术语》中规定：价值工程是通过各相关领域的协作，对所研究对象的功能与费用进行系统分析，不断创新，旨在提高所研究对象价值的思想方法和管理技术。其目的是以研究对象的最低寿命周期成本可靠地实现使用者所需功能，以获取最佳的综合效益。因此，价值工程是以功能分析为核心，以开发创造为基础，以科学分析为工具，寻求功能与成本最佳比例，以获得最优价值的一种设计方法或管理科学。

价值设计也称为价值分析，它是在选定价值工程对象的基础上，通过对产品功能与成本之间的相对关系进行系统分析和研究，以获得价值最优化的过程。价值设计是技术与经济密切结合的产物，是价值工程在现代设计方法中的应用。利用价值工程开展价值设计常见的价值优化模型见表 4-1。

表 4-1　价值优化模型

序号	基型	序号	变型	
1	$\dfrac{F\uparrow}{C\rightarrow}=V\uparrow$	I	$\dfrac{F\uparrow\uparrow}{C\rightarrow}=V\uparrow\uparrow$	
2	$\dfrac{F\rightarrow}{C\downarrow}=V\uparrow$	II	$\dfrac{F\uparrow}{C\rightarrow}=V\uparrow$	$\dfrac{F\uparrow}{C\downarrow}=V\uparrow$
3	$\dfrac{F\uparrow}{C\downarrow}=V\uparrow\uparrow$	III	$\dfrac{F\rightarrow}{C\downarrow\downarrow}=V\uparrow\uparrow$	
4	$\dfrac{F\uparrow\uparrow}{C\uparrow}=V\uparrow$	IV	$\dfrac{F\rightarrow}{C\downarrow}=V\uparrow$	$\dfrac{F\uparrow\uparrow}{C\downarrow\downarrow}=V\uparrow$ 最大（最优）
5	$\dfrac{F\downarrow}{C\downarrow\downarrow}=V\uparrow$	V	$\dfrac{F\uparrow\uparrow}{C\downarrow}=V\uparrow\uparrow$	

表中两个箭头表示变化幅度大，一个箭头表示变化幅度小。

从价值、功能、成本 3 者之间的关系可以看出，提高产品价值的基本途径一般有以下5 种。

1）功能有所提高（$F\uparrow$），成本保持不变（$C\rightarrow$），则产品价值提高（$V\uparrow$）。

2）功能不变（$F\rightarrow$），但成本降低（$C\downarrow$），则产品价值提高（$V\uparrow$）。

3）提高功能（$F\uparrow$）的同时降低成本（$C\downarrow$），则产品价值大幅度提高（$V\uparrow\uparrow$）。

4）成本适当提高（$C\uparrow$），但功能大幅度提高（$F\uparrow\uparrow$），则产品价值提高（$V\uparrow$）。

5）功能略有下降（$F\downarrow$），但成本大幅度降低（$C\downarrow\downarrow$），则产品价值提高（$V\uparrow$）。

三、产品寿命周期与价值设计

产品寿命周期是指产品从开发、研制、生产、销售、使用、维护到报废为止的整个时期。产品寿命周期成本是指发生在产品寿命周期内的各项成本费用之和，也叫总成本。它是为实现消费者所要求的功能而需消耗的一切资源的货币表现。寿命周期成本由生产成本和使用成本两部分构成，如图 4-1 所示。生产成本是指产品在研究开发、设计制造、运输施工、安装调试过程中产生的成本；使用成本是用户在使用产品的过程中所产生的费用总和，包括产品的维护、保养、管理、能耗等方面的费用。

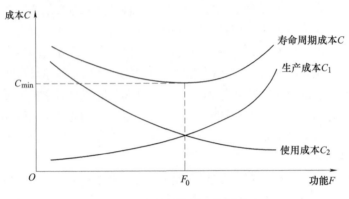

图 4-1　寿命周期成本的构成

产品寿命周期成本和功能之间存在一定的内在关系，通常是在一定技术经济条件下，随着功能的提高，生产成本上升，使用成本下降。到一定时候，产品寿命周期成本最低，如图 4-1 所示。价值工程的目的就是要使产品的寿命周期成本通过分析、研究和改造降至最低点 C_{min}，使功能达到最适宜的水平，从而提高产品的价值 V。如果一时达不到，也要通过不断的努力逐步向目标靠近。

通常，各种产品都要经历从开发期进入市场，经过成长、成熟，最后衰退退出市场的过程，如图 4-2 所示。通过对处于不同时期产品的价值进行分析与设计，可以增大企业效益。

T_1——投入期（开发期）。在这一阶段，产品销售量较低，有一些技术问题有待解决，用户接受度不高且需要一定的过程。这一时期价值设计的目标是通过完善产品功能、确保产品质量来赢得用户。

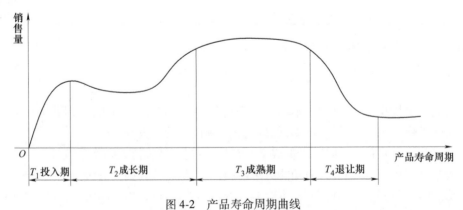

图 4-2　产品寿命周期曲线

T_2——成长期。随着推广宣传和用户接受程度的不断提升，销售量呈上升趋势，但随着普及程度的不断提升，使用中出现的缺点和不足又使销售量下降；随后通过设计改进，销售量又会迅速增加。这一时期价值设计的目标是通过提高产品性能、确保产品质量来争取更多的用户。

T_3——成熟期。产品在市场上逐渐呈供求平衡趋势，销售量稳定。这一时期价值设计的目标是通过降低产品成本来提高经济效益。

T_4——退让期。由于更新换代产品的出现，原产品销售量逐渐下降，直至退出市场。这一时期价值设计的目标是通过扩展产品功能、改进产品外观、降低产品成本来减缓产品退出市场的速度，尽可能地延长产品的寿命。

四、价值设计的主要内容

价值设计要求在设计产品时，应首先考虑满足用户对产品功能及性能的要求，在质量稳定的前提下降低产品成本；同时又要考虑节能降耗，满足环保要求，既创造经济效益又创造社会效益。

在进行价值设计时，除了要对重点对象进行价值分析外，还要考虑社会生产经营的需要以及对象价值本身被提高的潜力。例如，在价值设计中，针对在总成本中占较大比例的原材料部分，如果能够通过价值分析降低该部分费用从而提高产品价值，那么这次价值分析对降低产品总成本的影响也会很大。选定分析对象时需要收集对象的相关情报，包括用户需求、销售市场现状、零件的制造成本、加工工艺、材料以及本企业的生产及加工能力等。价值分析中能够确定方案的多少以及实施成果的大小与情报的准确程度、及时程度、全面程度紧密相关。有了较为全面的情报之后就可以进入价值设计的核心阶段——功能分析。在这一阶段要进行功能的定义、分类、整理、评价等步骤。在综合分析基础上，设计人员针对改进方向提出多种方案，通过综合评价从中筛选出最佳方案并加以实施，完成整个价值设计过程。作为一项技术经济分析方法，价值设计做到了将技术与经济紧密结合，此外，价值设计的独到之处还在于它注重提高产品的价值，注重在研制阶段开展工作，并且将功能分析作为自己独特的分析方法。

从价值的定义及功能在机械产品中的表现形式可以看出，价值设计的主要内容包含以下3个方面。

1）功能（性能）分析：从用户需求出发，保证产品的必要功能，去除多余功能，调整过剩功能，增加必要功能，进行整体功能优化；同时从机械产品性能特点出发，研究特定功能下提高产品性能的各项原则和措施，通过性能的提升确保机械产品处于较高的质量水平。

2）成本分析：从寿命周期视角分析机械产品成本构成，从各方面探讨降低成本的途径和方法。

3）价值评价：通过计算功能与成本之间的关系，寻找价值设计重点对象及目标；基于零部件与总成本之间的成本估算参数模型，计算不同价值设计方案的成本，并基于成本值大小对设计方案进行价值比较和排序。

第二节 价值设计中的功能分析

功能分析是从用户需要出发，弄清产品或部件各功能之间的关系，保证产品的基本功能，去除多余功能，调整过剩功能，必要时增加期望功能或魅力型功能。

一、功能描述

功能描述就是根据收集整理的情报信息，透过对象产品或零部件的物理特性或现象，找出其功能的本质，并用简明、准确、科学的词语进行表达。功能描述的目的是确定现有产品功能结构，为功能分析和评价做准备，为构思创新方案创造条件。

在对产品进行功能描述时，常用"动词+名词"，或"动词+形容词+名词"的形式，如钟表的基本功能为"提示时间"，电熨斗的基本功能是"提供热平面"。类似功能定义中的动词可采用：供给（电力、能量等），允许（进入、制动、旋转、抓握等），盛入（燃料、水、食物等），传递（动力、转矩、电流、热量等），阻隔（热量、燃烧、振动等）等。

功能描述既要针对产品的整体，同时还要针对产品的零部件，从事物整体和事物的各个组成部分两方面展开，如对于车床来说，该产品的主要功能，即整体输出的功能是"对工件进行车削加工"；从具体组成部分来看，车床上主轴箱的功能是"传递/转换运动"，刀架的功能是"安装车刀并带动车刀运动"。在进行具体功能定义时，一般采用从主要到次要，从大到小的方向依次进行，这样产品的功能则可根据产品整体和各零部件的结构关系组成一个功能系统。

此外，在进行功能描述时，还应对产品的基本功能与从属功能进行区分。基本功能是为达到产品目的所不可缺少的主要功能，是用户要求的必需功能。从属功能表示除基本功能以外的其他附属、辅助或支持基本功能实现的功能，如照相机的基本功能是"拍摄图像"，而"自动测光"和"提供闪光"则是为了更好地实现拍摄图像功能而附加的从属功能，它们对于基本功能的良好实现有着支撑和辅助作用。产品的功能系统也可根据产品基本功能、附属功能之间的作用关系构成。

二、功能整理

功能整理是按照功能系统的逻辑关系，对已经定义出的各个单元功能进行分析、判断，确定它们的重要程度以及所占的地位，并把它们整理成一个整体的过程。通过功能整理不仅可以明确产品功能系统中各功能之间的主次及层级关系，区分必要功能、多余功能，还能给后期价值设计中的创新方案设计从功能层面提供方向。

在进行功能整理时常用到的方法有直推法和系统分析法。直推法是在确定产品整体功能（基本功能）的基础上，从整体功能扩展到局部功能，再从局部功能扩展到单元功能，进而得到该产品功能系统的方法。图4-3所示为利用直推法对烤面包机进行功能整理的过程。系统分析法是在功能定义的基础上，对每一个功能编制功能卡片并区分基本功能与从属功能；在确定基本功能重要程度基础上，按照附属功能与基本功能联系的紧密程度，建立它们之间的连接关系，进而完成该产品功能的整理。

值得注意的是，产品功能系统图并不是唯一的，采用不同的构建方法、选择不同的构建视角，都可能得到不同的功能系统图。只要能帮助价值设计人员明确产品系统中各功能之间的主次及层级关系，区分必要功能、多余功能，从功能层面给后期价值设计中的创新方案设计提供方向的系统图都是可用的。

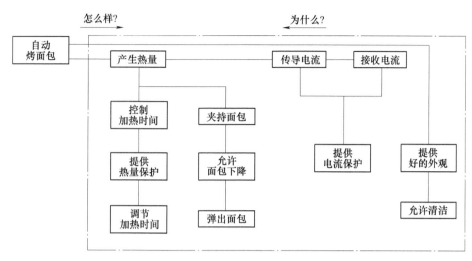

图 4-3　利用直推法对烤面包机进行功能整理的过程

第三节　提高产品性能的设计原则

功能作为实现产品所需要的某种行为的能力，是构成产品竞争力的首要因素；质量是产品能实现其功能的程度和在使用期内功能的保持性，即实现功能的程度和持久性的度量。产品性能作为产品功能与质量的总和，其水平的高低对产品市场竞争能力有着重要的影响作用。价值设计中，在满足零部件功能的基础上，要提高产品性能，应注意以下 6 条原则。

一、合理负载原则

工程构件与机械零件工作时，在力学负荷作用下，如承受过大的静载荷、交变载荷或冲击载荷，将产生变形，甚至出现断裂，造成零部件失效，进而影响整个产品的功能和质量，增加维修或更换成本。因此在对零部件进行价值设计时，应尽量降低其承受的应力，避免应力集中，减小其变形量。具体设计时，从提高零部件的强度和刚度的角度考虑，应注意以下几个方面。

1. 载荷分担原则

载荷分担就是将一个较大的或复合的载荷分流到不同零件或同一零件的不同部位上，从而达到降低应力、减少变形的效果，该原则适用于强度和刚度较弱的零件。载荷分担有以下 3 种可能，在设计时应根据具体情况对载荷进行不同形式的分配。

1）一个零件承担多个负载。这种分配形式中负载集中于一个载体，结构简单，成本较低。

2）一个载体承担一个负载。这种分配形式中负载与载体一一对应，便于做到"明确""可靠"，便于实现结构优化及准确计算。

3）多个载体共同承担一个负载。这种负载由多个零件分担的设计，其组合结构相对紧凑，负载分布比一个零件单独承载更为合理，零件使用寿命也更长。这种情况又可以分为两种：一是不同功能的载荷分配；二是相同功能的载荷分配。

（1）不同功能的载荷分配　当一个零件同时担负几种功能产生过载损伤时，若改由不同的零件分别承担相应的载荷，就能减轻原来零件的负担，进而改善其性能和可靠性。例如，汽车后桥半轴早期采用的结构，除传递很大的转矩外，同时还承受很大的弯矩，因此常常出现断轴事故。改进过程中，采用将半轴"浮"起来（即半轴只受转矩，而不承受弯矩）的办法，让弯矩大部分（采用半浮式半轴时）或者全部（采用全浮式半轴时）由后桥体来承受，则从根本上解决了半轴设计的关键问题。

功率分流式齿链无级变速器，在机械结构中既要调节速度，又要传递动力。由于工作原理的限制（属浅齿啮合与摩擦混合传动），它一般不适于传递大的转矩。但若采用与行星齿轮传动匹配功率分流的方案，使大部分功率由输入轴直接通过行星齿轮传动输出，则只有小部分功率通过齿链无级变速器传递。在这里，无级变速器主要起调速作用，行星传动担负传递动力的任务。这种组合传动方式可以大大提高传动能力，扩大调速范围。

图 4-4 所示为某车床变速箱输入轴带轮卸荷结构。这是一个将不同类型的载荷进行分配的例子。原设计中，输入轴直径较小且为悬伸轴，因此刚度较低。采用卸荷结构后，将带轮的压轴力通过轴承作用于轴承座，轴承座具有较大的抗弯截面系数，作用在轴承座上的弯曲应力为静应力，此时带轮 3 的转矩则通过端盖 2 的内花键孔传给传动轴 1，故轴只承受由转矩产生的扭转切应力作用，减少了弯曲变形，结构整体的承载能力得到了提高。

（2）相同功能的载荷分配　当功率和尺寸增大到一定程度时，就需要把同一功能分配给若干个相同的功能载体来承担。例如在 V 带传动中，因为传动带高度增加会使弯曲应力随之增大，所以传动能力不能单纯靠增大传动带的剖面尺寸来提高。另外弯曲变形的弹性迟滞损耗还会发热，使传动带寿命锐减。因此在使用中多采用

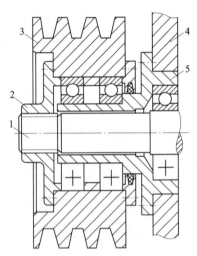

图 4-4　带轮卸荷结构
1—传动轴　2—端盖　3—带轮
4—箱体　5—轴承座

多根 V 带传动的机构。类似的例子很多，如多排链传动、行星齿轮传动中采用多个行星轮、功率分流中的多路齿轮传动、组合螺旋弹簧结构等。

相同功能载荷分配的关键问题是如何保证每个功能载体均匀地分担任务。如果分配不均匀，不仅会使有的功能载体超载，而且还可能在两个功能载体之间出现功率循环的现象，产生寄生功率，增大损耗。

严格控制各功能载体之间的制造误差，是保证载荷分配均匀的重要条件。例如，对于多根 V 带传动，不仅要控制各根传动带长度之间的误差，还要控制带轮上各轮槽间的误差。采用柔性结构或调节元件是改善刚性传动系统中各功能载体间力平衡状态的有效措施。

在设计过程中，不仅要考虑不同负载分配形式的特点，还要从材料、加工方式等方面进行综合分析和设计。图 4-5 是 3 种不同形式的密封和定位结构，图 4-5a 轴承的密封和定位用同一个结构 1 来完成，加工时需要用圆钢车成，制造费用高；图 4-5b 的密封和定位分别由挡圈和轴套 2 承担，轴套 2 可用管料车成，节约材料，减少加工时间；图 4-5c 中密封件 4 为冲压件，用无屑加工代替有屑加工，确保了密封，大大节约了工时和材料。

2. 载荷平衡原则

机械设备工作时，常会产生一些与做有用功无关的、无用的力，如斜齿轮的轴向力、附加轴向力、惯性力等，这些"无功力"不但增加了零件的负荷，降低其精度和寿命，有时还需要为其添设附加的零件或工作面而导致设备质量和制造成本的增加；另外其造成的摩擦损失，还会影响机器的传动功率。载荷平衡原则是指采取结构措施，部分或全部平衡掉无功力，以减轻其不良影响的原则。

平衡无功力可以采用以下两种结构措施：一是采用平衡元件，二是采取对称布置。采用平衡元件指根据力流路线最短原理，在设计平衡元件时，尽可能减小力的影响区，使轴承上无附加载荷并使结构耗费最小。常用的平衡元件有平衡重、平衡轴等。

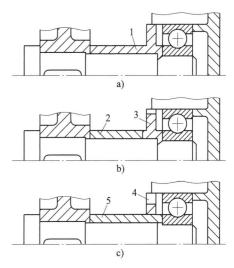

图 4-5　不同形式的密封和定位结构
1—密封和定位　2、5—轴套
3—挡圈　4—密封件

对称布置是使无功力自然得到平衡的有效措施。在多轴齿轮传动和行星传动中，采用对称布置，可以使主轴上的径向力、轴向力、惯性力得到平衡。图 4-6 所示为几种不同数量的齿轮传动的对称布置结构。

有时，为了消除机器中高速旋转部分因质量分布不均而产生的惯性力，常采用去掉不均质量或增加平衡质量的措施。一般来说，当无功力较小时，可以不采取辅助的结构措施来进行平衡；中等时可采用平衡元件；较大时宜采用对称布置。

另外，轴系结构的形式也是影响轴及轴上零件承载能力的重要因素。如对于悬臂支撑的轴系结构，设法通过结构设计缩短悬臂长度，可以有效降低轴和轴承的载荷。如在锥齿轮轴系结构中，可以采用将锥齿轮轮毂向支点外侧延伸，如图 4-7 所示结构；或采用两轴承反安装（背靠背）方式，如图 4-8 所示结构，以使齿轮传动力作用点的位置靠近支撑点，使旋臂缩短从而提高承载能力。

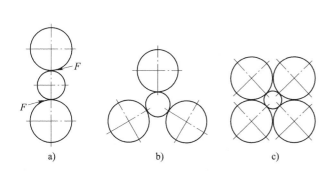

图 4-6　齿轮传动的对称布置结构

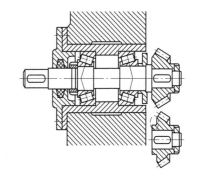

图 4-7　锥齿轮轮毂支点外侧延伸结构

3. 等强（载荷均化）原则

等强原则要求设计者确定的结构参数能使结构的各部分具有相同或相似的承载能力，以降低构件的最大应力。依照等强原则设计的结构，受力合理，能最大限度地发挥材料的作

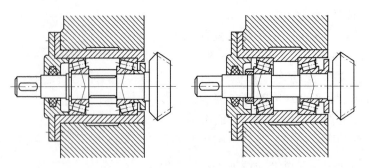

图 4-8　锥齿轮两轴承反安装结构

用，从而提高经济效益。

图 4-9a 所示的非对称布置的减速器中，在力的作用下，由于轴的弯曲使齿轮倾斜，从而导致齿轮齿宽方向载荷分布不均，这种情况在重型减速器或齿轮箱结构中尤为突出。若采用图 4-9b 所示的对称布置形式，则可基本克服载荷分布不均的缺点。

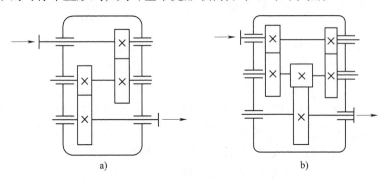

图 4-9　齿轮减速器非对称和对称布置的两种方案

如图 4-10a 所示，当螺栓受拉和螺母受压时，由于螺栓和螺母在旋合段内所受轴向力不同，会导致旋合各圈螺纹牙载荷相差很大。其中，第 1 圈牙受力可以达到第 7 圈的十几倍左右，这对于重载荷或重要部位的螺母来说是很严重的问题。图 4-10b、c、d 所示为均化螺纹牙载荷的 3 种螺母结构形式。由图可见，各结构都在不同程度上减少了牙上的最大载荷，使载荷趋于均匀。

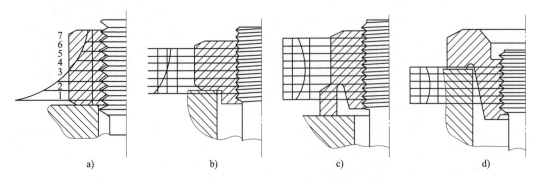

图 4-10　普通螺母螺纹和均化螺纹牙受力情况图

如图 4-11 所示为几种强度分布结构图及不同材料下的等强结构，其中图 4-11a 所示结构中各部分所承受强度不同，强度较差；图 4-11b 所示结构虽强度有所提升，但各部分承受强度仍不相同；图 4-11c、d 是两种不同材料（铁和钢）在等强原则下设计的结构。

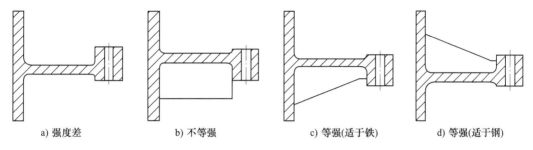

a) 强度差　　　　　　b) 不等强　　　　　　c) 等强(适于铁)　　　　　d) 等强(适于钢)

图 4-11　几种强度分布结构图及不同材料下的等强结构

为了达到或接近等强结构，除适当选择材料和零件形状外，还常常采取一些结构措施来降低高应力区的应力或提高低应力区的应力。增加约束变形的附件是降低高应力区应力的一种有效措施。如图 4-12 所示，采用约束变形零件 Y，可以降低在零件 X 上的高应力。具体设计过程中，零件 Y 的结构形式可以是筋、螺栓、销等，如图 4-12a、b、c、d 所示。

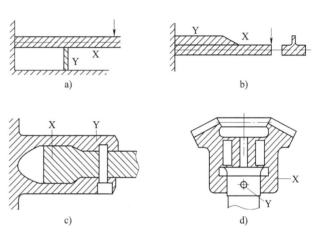

图 4-12　增加约束变形的附件

4. 合理力流原则

传力系统中力的传递轨迹形成的力线汇成力流，如图 4-13 所示。力线的密集程度称力流密度，它反映了力的大小。图 4-13a、b 显示的是力在直角板中的力流。当板受外载时，力是依次通过 A_1、A_2、A_3 等截面来传递的。图 4-13c、d 分别显示了平板承受集中载荷和均

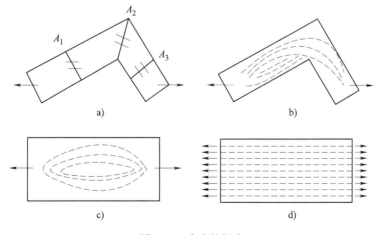

a)　　　　　　　　　　　　　　　　b)

c)　　　　　　　　　　　　　　　　d)

图 4-13　力流的概念

布载荷时的力流。必须注意，力流不会在连续物体上突然中断，它会到处穿过，也可以封闭起来。缩短力流距离、减小力流密度变化和减缓力流方向的变化，对提高零部件强度或刚度都比较有利。

1）设计结构时一般应使力按最短路线传递。一方面，如果力流路线长，承载区域则相应大。要保证各处都有足够的强度，必然使零件体积增大，质量增加。另一方面，力流固有的特性是倾向于沿最短路线传递。力传递过程中，在同一截面上各处力流密度不同，在最短路线附近力流密集，形成高应力区，没有力流穿过的部位实际上并不受力，这里所消耗的材料则是"多余的"。不同结构下力的传递路线不同，对应力和变形的影响也有很大的差异。

因此，要得到应力小、强度好或变形小、刚性好及材料有效利用的结构，应控制力流路线尽量短，且使零件承受拉应力或压应力。如图 4-14 所示为杠杆结构的力流分析，其中图4-14a、b 中由于力流路线较长，不可取，图 4-14c 则为最佳方案。

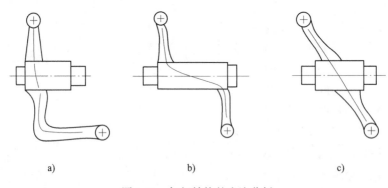

a)　　　　　　　　　　b)　　　　　　　　　　c)

图 4-14　杠杆结构的力流分析

2）受载零件上，切槽、钻孔等结构会带来横断面积的变化，由横断面积变化造成的力流密度变化会引起应力集中。有时，应力集中产生的最大应力是平均应力的 2~5 倍，这种情况对零件结构强度非常不利，应设法避免。设计时，为避免这种不利影响，可以采取的措施有：将几何形状突变处放在低应力区；增大过渡圆角半径等。

3）避免力流方向急剧变化。当零件结构断面发生突然变化时，力流方向的急剧转折就会带来力流密集，产生应力集中。在结构设计中，应采取一定的措施，使力流方向平缓，减少由此带来的应力集中。设计中，为了避免这种不利影响，可以采取的措施有：去除部分材料（出孔或槽）以改善力流；增大过渡圆角半径等。

当然，也有利用力流密度集中的应用，如中心冲的设计，具体结构如图 4-15 所示。中心冲的力线是由冲子的头部沿全长方向流过，最后汇集在尖端流出。冲子尖端的力流密度最高，其上局部应力相应也很高，利用这一特性则可以冲出中心孔。

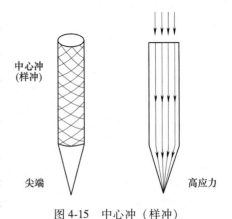

图 4-15　中心冲（样冲）

5. 变形协调原则

在外载荷的作用下，两个相邻零件的连接处，由于各自受力不同产生了不同的变形，进而在两零件间产生相对变形，这种相对变形会引起力流密集形成应力集中。所谓变形协调，是通过控制相连接元件在外载荷作用下产生同方向变形，使两者间的相对变形小，应力变化小，从而减少集中应力。现以焊接或粘接的搭接板为例说明变形协调原理的应用。

在图 4-16 板材焊接或粘接过程中，图 4-16a 中，在接缝附近，板 1、板 2 均受拉，这种为变形方向相同的情形；图 4-16b 中，在接缝附近板 1 受拉，板 2 受压，则是变形方向相反的情况。由这两种具体结构及其应力分布图的对比可知，在变形方向相同的情况下，由于存在较大的相对变形，有一定的应力集中。但当变形方向相反时，应力集中则很大，且应力集中恰恰发生在力流方向 180°急剧转折处。图 4-16c 显示了一种改进的方案，即把两板搭接部分制成板厚呈线性变化的斜接口，从而基本上消除了相对变形，使应力分布相对均匀。

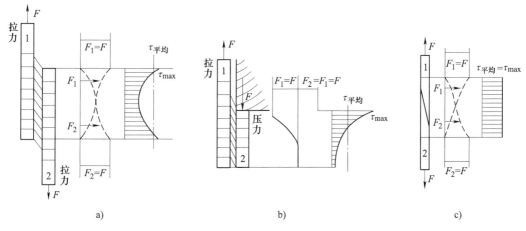

图 4-16 不同焊缝的变形和应力的比较

在图 4-17 所示轮毂连接中，同样存在变形协调问题。当传递转矩时，轴和轮毂都会发生变形。若变形方向相反，力流方向急剧转折，将使沿轴线的应力分布不均，如图 4-17a 所示。若将轮毂上转矩作用位置移向远端，使轴、轮毂变形方向相同，力流过渡平缓，则能在很大程度上改善应力分布不均的问题，如图 4-17b 所示。

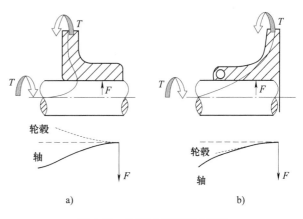

图 4-17 轮毂连接的变形情况

二、提高疲劳强度的设计原则

设计中，虽然可以通过各种设计原则和方法确保产品受力合理，但仍有大量的零件承受交变载荷作用，疲劳失效是这些零件的主要失效形式。因此，零件的设计还要考虑交变应力作用的特点，提高零件疲劳强度。

1. 减缓应力集中

机械零件通常形状复杂，截面形状的变化会造成力流密度的变化，进而在局部产生应力集中，零件截面形状变化越突然，应力集中就越严重。结构设计中，应尽量避免应力较大处的零件形状急剧变化，以减小应力集中对强度的影响。当零件受力变形时，不同位置变形阻力（刚度）的不同也会引起应力集中。因此，通过降低应力集中处的局部刚度也可以有效地降低应力集中。图 4-18a、b、c、d 是不同零件局部刚度对过盈连接应力集中的影响。

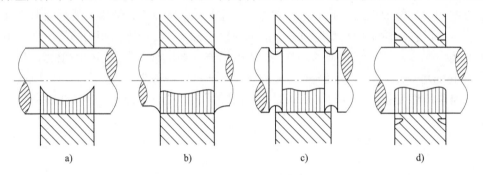

a)　　　　　　　b)　　　　　　　c)　　　　　　　d)

图 4-18　零件局部刚度对过盈连接应力集中的影响

2. 避免应力集中源的聚集

在结构设计中，为了提高零件的疲劳强度，应避免多个应力集中源集中在一个区域。铆钉及螺纹孔、焊缝等是应力集中源容易出现的地方，在其连接处应适当加厚以降低局部应力，对焊缝处磨平、采用去毛刺、边缘倒角等工艺也可以减少应力集中。如图 4-19 所示的轴结构，台阶和键槽端部都会引起轴上的应力集中。图 4-19a 中由于台阶和键槽端部连接，导致应力集中源过于集中；图 4-19b 中则通过调整键槽端部位置，避免了应力集中源的聚集，因此图 4-19b 结构设计优于图 4-19a。

3. 降低应力幅

在承受轴向载荷作用的普通螺栓组联接结构中，预紧力影响螺栓的平均应力，工作载荷影响应力幅，通过改变螺栓与垫片的相对刚度，可以降低螺栓杆上的应力幅。如图 4-20a、b 所示，在螺栓组联接结构中采用不同的垫片材料，可改变螺栓杆上的应力幅。

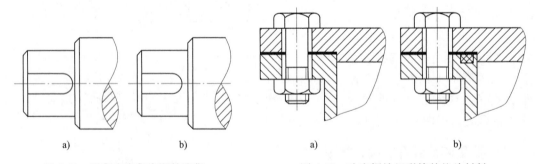

a)　　　　　　　b)　　　　　　　　　　　a)　　　　　　　b)

图 4-19　避免应力集中源的聚集　　　　图 4-20　改变螺栓组联接的垫片材料

三、提高精度的设计原则

现代机器和仪器向精密、高速、高效率方向发展，对精度提出了越来越高的要求。对量仪、测具或精密加工设备来说，保证精度是主要的性能指标。对于机械装置来说，零部件的形状、尺寸及相对位置的准确程度，直接关系着装置预定功能的实现质量，即零部件的加工精度越高，对提高机械装置的工作质量越有利。对传动零件来说，精度的提升，不仅有利于运动传递的平稳性和运动规律传递的准确性，还可以减轻振动、降低噪声，提高传动系统的承载能力。但是在加工过程中，提高零部件加工精度一般会带来成本的增加，因此提高精度的设计原则要求，在同样的成本条件下，通过正确的结构设计减少误差，以获得较高的系统精度。

1. 误差的分类

1）原始误差：由零部件加工、装配、调整产生或由使用中的磨损、弹性变形或热变形所引起的误差。它是误差产生的主要根源，应着重研究和避免。

2）原理误差：由近似的加工或计算方法所产生的误差，可通过设计消除或减小。

3）工作误差：由于工作中的形状变化所引起的误差。

4）回程误差：由于运动副之间存在间隙，当运动方向改变时由运动副间隙引起的误差。

2. 提高精度的设计方法

在机械设计过程中，要减少误差、提高机械装置的精度，可在分析以上4类误差产生原因和特点的基础上，从以下几个方面采取措施。

（1）通过改善结构减少原始误差

1）在结构设计中，对有精度要求的结构要素，应在保证结构功能的前提下尽量减小其公称尺寸，减小精度约束的范围。

2）对精度要求较高的尺寸应减少其组成元素数量，尽量直接得到。因为组成元素越多，作用尺寸的精度就越低。

3）有些作用尺寸对精度要求较高，但由于结构的关系，却又不可避免地使用较多的尺寸元素。在这种情况下可以在组成该尺寸的各尺寸元素中设置一个可调整尺寸环节，以便在装配工序中根据实际需要，通过调整这个尺寸实现对作用尺寸的精度要求。如在滚动轴承轴系结构中，滚动轴承的轴向间隙对精度要求较高，可以在结构中位于轴承端盖与箱体之间通过调整垫片厚度来降低对构成轴承间隙的其他尺寸元素精度要求。

4）误差均化。在机构中如果有多个作用点对同一个构件的运动起限制作用，则构件的运动精度高于任何一个作用点单独作用时的精度。如图4-21所示的双蜗杆驱动机构由两个相同参数的蜗杆共同驱动同一个蜗轮，由于均化作用，蜗轮的运动误差小于任何一个蜗杆单独驱动的误差。

5）利用误差传递规律。由多级传动机构组成的传动系统在将输入运动传递到输出级的同时，也将各级传动机构所产生的误差向后续机构传递。通过分析误差的构成可以发现，如果为多级传动的最后一级选择较大的传动比，则使前面各级传动所产生的误差对最后的运动输出基本不起作用，因此最后一级传动零件选择较高的精度，即可提高整个传动系统的传动精度。

6）合理配置精度。在结构设计中应为不同位置设置不同的精度，为敏感位置设置较高精度，这样则可以通过较经济的方法获得合理的工作精度。在机床主轴结构设计中，主轴前支点轴承和主轴后支点轴承的精度都会影响主轴前端的旋转精度，但影响程度不同。图4-22

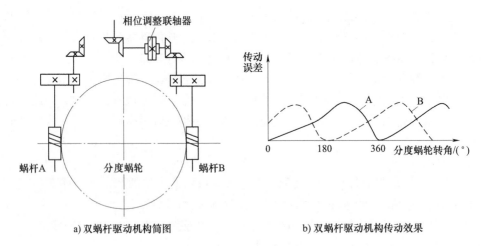

a) 双蜗杆驱动机构简图　　　　　　　　　　　b) 双蜗杆驱动机构传动效果

图 4-21　双蜗杆驱动机构

显示了前后支点不同轴承精度对主轴精度的影响情况。

由图中关系可知：前支点的误差对主轴前端的精度影响较大。所以在主轴结构设计中，通常为前支点设置具有较高精度的轴承。

7）采用有利于施工的结构。在设计中充分考虑工艺过程的需要，采用有利于工艺过程实施的结构，就可以较容易地实现较高的精度。在结构设计中要充分考虑检验工具和检验工艺的要求，使所提出的每一项要求都可以被检验。如图 4-23 所示为一种不能用千分尺完成测量的结构，在设计中可考虑适当增加上部凸台的高度，以利于千分尺进行测量。

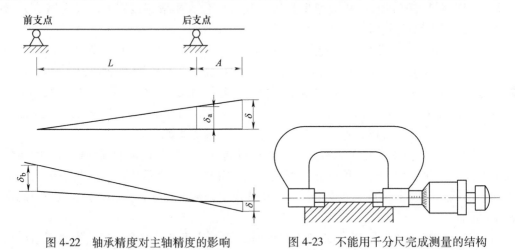

图 4-22　轴承精度对主轴精度的影响　　　　图 4-23　不能用千分尺完成测量的结构

加工后满足精度要求的零件在装配中由于装配力的作用，也可能发生变形，影响工作精度。如图 4-24a 所示的导轨结构，如果安装表面（下表面）不平，在装配中施加的装配力会造成导轨工作表面（上表面）变形；如改为图 4-24b 所示的结构，装配力对结构变形的影响较小，有利于提高导轨精度。

（2）选择近似度高的原理或机构　有些应用中为简化机构而采用近似机构，但这会引入原理误差。在条件允许时，应优先采用近似性较好的近似机构以减少原理误差。如图 4-25

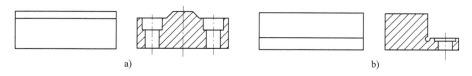

图 4-24　有利于减小装配变形的结构

所示的两种机构都可以得到手轮的旋转运动与摆杆摆动之间的近似线性关系。图 4-25b 所示的正弦机构原理误差比图 4-25a 所示的正切机构的原理误差小一半，而且螺纹间隙引起的螺杆摆动基本不影响摆杆的运动，因此若采用正弦机构将比采用正切机构更易获得更高的传动精度。

1890 年，德国人阿贝（Abbe）通过实践总结出一个原则：要使测量仪给出精确的测量结果，必须将仪器的读数线尺安放在被测尺寸的延长线上。这种结构避免了因导轨误差引起的一次测量误差，在设计量仪或精密机械时这是一个重要的

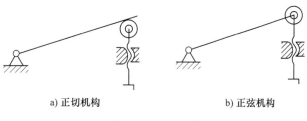

a) 正切机构　　　　b) 正弦机构

图 4-25　近似机构

指导性原则。具体应用中，游标卡尺的精度不如千分尺的精度就是因为千分尺的设计遵循了阿贝原则。

在图 4-26 中，假设引导测量仪器测头及读数线尺移动的导轨有直线度误差，实际为一段圆弧，图 4-26a 中由于测头与读数线尺不沿同一条直线布置，当量仪沿导轨（圆弧）移动时，测头与读数线尺的移动距离不相同，引起测量误差。图 4-26b 所示结构能在一定程度上提高测量精度。测量误差与导轨的直线度误差有关，与测头和读数线尺的距离有关。

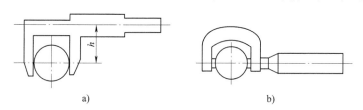

a)　　　　　　　　　　　b)

图 4-26　利用阿贝原则提高测量精度的结构

符合阿贝原则的测量仪器可以实现较高的测量精度。但由于被测要素与读数线尺沿同一条直线布置，因此量仪的长度尺寸相对较大。

（3）补偿系统工作误差

1）螺纹加工机床的加工精度与机床本身丝杠的螺纹精度有重要关系，为了提高机床的加工精度，可以通过螺距校正装置纠正由基准丝杠螺距误差引起的加工误差。在设计过程中，一般通过测量得到基准丝杠的螺距误差随长度变化的规律（螺距误差曲线），将误差曲线按需要的比例放大，得到校正曲线，并做成凸轮（校正版）。

2）零件接触表面的磨损使零件的形状和尺寸发生变化。设计中如果使多个相关零件的磨损对执行零件的作用相互抵消，则可以提高执行零件的动作精度。图 4-27a、b 显示了两

种不同凸轮机构磨损量补偿结构图。

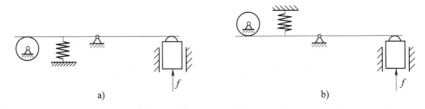

图 4-27　两种不同凸轮机构磨损量补偿结构图

3）如果无法使磨损的影响相互抵消，可以在结构中设置调整环节，当磨损量累积到一定程度时，通过调整可使系统恢复正确的工作状态。图 4-28 所示为一种轴承间隙调整机构。

（4）减少回程误差　回程误差是由于间隙引起的。间隙是运动副正常工作的必要条件，且间隙会随着磨损而不断增大。减少运动副的间隙可以减少回程误差。

图 4-29 为一种可以消除齿侧间隙的齿轮机构。该机构将原有齿轮沿齿宽方向切分，两半齿轮可相对转动，两半齿轮通过弹簧连接，由于弹簧的作用，两半齿轮分别与相啮合齿轮的不同齿侧相接触，弹簧的作用消除了啮合间隙，并可以及时补偿由于磨损造成的间隙变化。这种齿轮传动机构由于实际齿宽减小，承载能力减小，通常被用于以传递运动为主要设计目标的传动装置中。

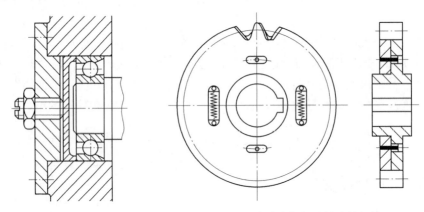

图 4-28　轴承间隙调整机构　　　　图 4-29　消除齿侧间隙的齿轮机构

图 4-30 所示为千分表传动系统示意图。当表头沿某个方向移动时，固定于齿轮 4 上的蜗卷弹簧储能，当表头的运动方向改变时，各齿轮改变转动方向。但是由于蜗卷弹簧的作用，原来的主动齿轮变为被动齿轮，使得各个齿轮的工作齿侧不改变，始终用同一齿侧工作，虽存在齿侧间隙，但不会引起回程误差。

四、考虑合理热膨胀的设计原则

机械制造、仪器仪表等行业，由温度引起的热变形是影响机器、仪器设备精度的重要因素，热变形引起的误差通常可占总误差的 1/3 左右。内燃机、汽轮机等工作温度较高的机械，以及在高温重载环境下工作的齿轮、轴承、凸轮等机构都会因为温度的变化发生热变形，甚至产生温度应力，进而影响零部件的刚度和强度。因此，在价值设计中应充分考虑各零部件的热膨胀问题以及整个系统结构的热膨胀问题，进而采取措施控制或允许温度变形，避免或减少温度应力对系统带来的影响。

1. 考虑热膨胀方向及变形量

在结构设计中，对可能发生温度变形的零部件应设置合理的装配间隙，以避免或减少温度应力。如滚动轴承在工作温度升高时，由于轴的热膨胀会影响轴承的游隙和预紧力，因而影响轴系的回转精度和受力情况。

轴的热膨胀量为

$$\Delta l = \beta l \Delta \theta$$

式中，β 为材料的热膨胀系数（1/℃），对于钢材料，$\beta = 11 \times 10^{-6}/℃$；$l$ 为轴承跨距（mm）；$\Delta \theta$ 为初始环境温度与工况温度变化值（℃）。

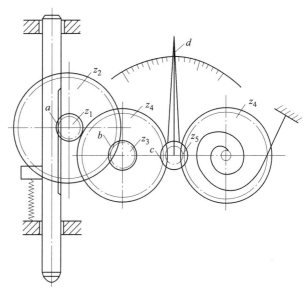

图 4-30 千分表传动系统示意图

轴承装配时一般留有一定间隙以适应轴的膨胀。当轴承跨距较大或温度升高较快时，则必须采取一定的措施，如采用轴承反安装结构，或采用一端固定一端游动的轴承结构。

2. 相对热变形和热应力的控制

在两种不同热膨胀系数零件相连接的情况下，当零件由常温升至工作温度，其温差为 $\Delta \theta$ 时，由于一种材料的热膨胀量大于另一种材料的热膨胀量，而在两零件间产生温度应力。

由温度变形引起的两零件的温度应力可分别通过以下公式计算，即

$$\sigma_1 = \frac{F}{A_1} = \frac{(\beta_2 - \beta_1)\Delta\theta}{A_1\left(\dfrac{1}{E_1 A_1} + \dfrac{1}{E_2 A_2}\right)}$$

$$\sigma_2 = \frac{F}{A_2} = \frac{(\beta_2 - \beta_1)\Delta\theta}{A_2\left(\dfrac{1}{E_1 A_1} + \dfrac{1}{E_2 A_2}\right)}$$

由上式可知，连接零件的温度应力与膨胀系数差（$\beta_2 - \beta_1$）及温度差 $\Delta \theta$ 成正比，它也随两零件的弹性模量 E_1、E_2 的增大而增加。产生温度应力的根本原因是相连接零件由于热膨胀系数不同，在一定温升下产生的热膨胀量不同。要从结构上解决这种问题，可以采用在连接系统中加入一个线膨胀系数很小的元件，以补偿线膨胀系数稍大材料温升引起的伸长，使它们的伸长量之和与线膨胀系数为中间值的元件温升引起的伸长量相等，从而消除温度引起的变形不协调。

五、自助原则

所谓自助，就是系统元件通过本身结构或系统中的配置关系，在工作过程中产生加强功

能或避免失效的作用。应用自助原则设计的结构，在正常情况（额定载荷）下具有加强功能、减载和平衡的作用，而在紧急情况（超载）下具有自保护和救援的作用。

在自助结构中，工作总效应是由初始效应与辅助效应合成的。初始效应由结构本身产生，能保证机器正常工作。而辅助效应往往由机器工作过程中出现的力、压力等物理参数作用而得到。辅助效应还可以从辅助的力流分配，以及由它产生的应力形式和应力分布的变化得到。

常见的利用自助原则的结构有自平衡、自加强和自保护等类型。

1. 自平衡

自平衡是指在工作载荷作用下产生的辅助效应与初始效应合成为有利的平衡状态，以提高性能或克服不利的影响。自平衡原理在结构设计中得到了广泛的应用，如传统内燃机点火时间调节器结构，由于装有杠杆系统而使回转质量较难达到平衡，为了消除轴回转时的附加惯性力，确保回转质量平衡，可以通过在两端配重达到自平衡。

再如，应用自平衡原则设计的离心式调速器，如图 4-31 所示。

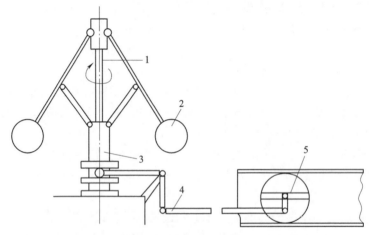

图 4-31　应用自平衡原则设计的离心式调速器
1—竖轴　2—重锤　3—滑套　4—杠杆　5—阀门

当竖轴 1 的转速超过要求的转速时，重锤 2 会自动抬起，带动滑套 3 和杠杆 4 使阀门 5 转动以减少蒸汽通过量，从而降低蒸汽机的转速以恢复到正常值。若杠杆 4 连接其他机构，通过相同原理可调节其他机构的转速。

除了力的平衡外，预应力强化方法也属于自平衡，例如，大跨距梁在工作前先加上预应力，工作时工作应力与预应力方向相反而得到部分平衡，以此提高承载能力。另外，汽轮机叶片倾斜于径向线安装等也是自平衡处理方法。

2. 自加强

自加强是指在工作载荷作用下辅助效应与初始效应的作用方向相同，总效应为两者之和，从而加强了原结构系统的功能。

图 4-32 所示为高压容器检查孔盖自动加压方案。其中，在图 4-32a 中，拧紧螺杆，使端盖 2 紧贴在密封件 3 上，形成初始效应。工作时，内部高压 p 作用在端盖 2 上，加强密封效果，产生辅助效应。总效应是两者的叠加，使密封自加强。图 4-32b 中，辅助效应与初始效

应方向相反，因而导致自损，使密封压力减少。

如图 4-33 所示，工件 1 受到 F_2 力作用，该力使工件与偏心轮之间产生一个使偏心轮顺时针转动的趋势，该趋势与 F_1 力的作用同向，因此增大了夹紧力 F 的作用，且该作用随着 F_2 的增大而增大。这种结构也是典型的应用自加强原则的结构。

图 4-34 是应用自加强原则的密封结构。其中压力 p 使带锥面圆盘 1 更紧密地压在密封圈 2 上，这就是利用主参数压力 p 产生了加强密封的辅助作用。

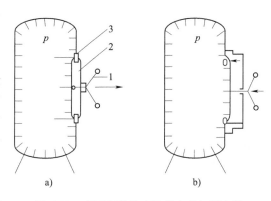

图 4-32　高压容器检查孔盖自动加压方案
1—螺杆　2—端盖　3—密封件

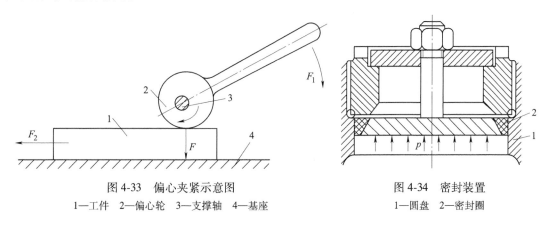

图 4-33　偏心夹紧示意图
1—工件　2—偏心轮　3—支撑轴　4—基座

图 4-34　密封装置
1—圆盘　2—密封圈

自加强的应用实例很多，其他如轴上的唇形密封圈或气泵活塞杆上的密封皮碗，工作时在油压或气压的作用下越压越紧，可增强密封作用；还有钻头的锥柄与钻床主轴间靠莫氏锥度配合，插入后能自锁；而钻削时产生的轴向力使配合面间产生摩擦力而传递转矩，轴向力越大，传递的转矩也越大。此处钻头与钻床主轴间采用较简单的配合结构即可达到设计要求，这就是应用自加强原理的优势。

3. 自保护

超载时，应避免零部件损坏。除保护性损坏外，当过载有可能反复出现时，更需要有自动防止破坏的措施。在设计中一般无须采用特殊防护装置，从零件本身结构上改进就可实现自动保护的目的。自保护结构，即在超载或不安全的条件下，功能元件产生保护效应，防止零部件失效。如片式摩擦离合器过载打滑，梯形齿牙嵌离合器过载时弹簧被压缩到一定位置后，离合器自动脱开，都属于自保护的结构。又如螺旋压缩弹簧过载时簧圈压在一起，从而能承受更大压力而不致因过载而损坏，这也符合自保护原理。

六、降低噪声的设计原则

机械设备运转时，部件间由于摩擦力、撞击力或非平衡力，使机械部件和壳体振动而产生噪声，如各种车床、电锯、球磨机、砂轮机在工作过程中发出的声音。机械噪声按声源的不同可分为 3 类：空气动力学性噪声（通风机、压缩机、发动机、喷气式飞机等所产生的噪声）、机械性噪声（齿轮、轴承和壳体等振动产生的噪声）、电磁性噪声（电磁场交替变化引起某些机械部件或空间容积振动产生的噪声）。过大强度的噪声不仅会影响人的身心健康，还会影响声音信号的传递，引起操作者的疲劳，导致事故发生。价值设计中，低噪声机械结构设计主要是在所有硬件合乎标准，技术及功能性得到满足的前提下，采用最有效且合适的降噪方法，令承受者的承噪度降到最低，进而提升产品在市场上的竞争力。噪声是机械设备质量的重要评价指标之一。

GB/T 50087—2013《工业企业噪声控制设计规范》规定，生产车间噪声不得超过 85dB(A)。GB 19606—2004《家用和类似用途电器噪声限值》规定，家用和类似用途电动洗衣机（包括脱水机）的洗涤噪声限定值为 62dB(A)，脱水噪声限定值为 72dB(A)，家用直冷式电冰箱容量小于等于 250L 的噪声限值为 45dB(A)，大于 250L 的限值为 48dB(A)；GB/T 23118—2008《家用和类似用途滚筒式洗衣干衣机技术要求》规定，滚筒式干衣机和滚筒式洗衣干衣机干衣周期的声功率级噪声值应不大于 69dB(A)。

1. 降低噪声的原则和措施

工程系统噪声的产生过程为：振源振动→共振→振动（声波）的传递。降低噪声可从以下几个方面采取相应的措施。

1）控制噪声源，减少机器中振源的振动强度。降低振动强度是控制噪声最有效的方法，具体设计中，可采用较平稳的传动机构，或以带传动、蜗杆传动代替齿轮传动，以斜齿轮代替直齿轮，以齿形链代替套筒滚子链等结构。对于同样的传动机构，如平带传动，在设计中用无端带或胶合接头代替金属皮带扣接头，也可降低噪声。

2）提高运动部件的平衡精度，可减小旋转件由于质量不均匀、重心偏离回转中心而引起的不平衡噪声。如家用电风扇的叶片经过专用的风扇叶动平衡机平衡后，可以将不平衡振动的振幅控制在 1μm 之内，使噪声明显下降。

3）防止共振，系统的工作振动频率与其自振频率一致产生共振现象，共振会导致强烈振动并产生很大的噪声。因此，回转系统正常的工作转速应设置在共振区之外。可以采用控制系统刚性的办法使共振临界转速 n^* 远离工作转速 n。具体设计中，要增大系统刚性可以通过提高 n^* 值的方法来实现，通常应使 $n<0.75n^*$。对于高速回转系统，减小刚性常用降低 n^* 的方法，一般应使 $n>1.2n^*$。

有些大而薄的零件或箱体在冲击振动时会产生很大的噪声，设计中常采用通过增大壁厚或合理加筋增加其刚度的方法来降低噪声。

4）提高机构的阻尼特性。阻尼减振是通过衰减沿结构方向传递的振动能量，降低结构自由振动，减弱共振频率附近的振动，达到降低噪声的目的。在工件表面粘接或喷涂一层有高内阻尼的材料，如塑料、橡胶、软木、沥青等，可达到减振和降低噪声的作用。目前这种方法已广泛应用于车、船体的薄壁板的设计上。

5）控制噪声的传播。在传播路径上对噪声进行控制，可采用隔振、吸声、隔声、消声等措施。①隔振是利用隔振材料或采用隔振结构降低振动源的固体声传播。通过隔振可降低噪声 10~30dB。振动较大的机器，若直接安置在车间地面上，为减少振动对环境的影响常采用隔振沟结构。隔振沟处于机器与基础之间，宽度>100mm，在其中填入松散软黏的物质，如石棉屑、粗砂等。②吸声是利用吸声材料（玻璃棉、矿渣棉、聚氨酯泡沫塑料、毛毡、微孔板等）及吸声结构贴附墙壁或悬挂在空中吸声。好的吸声材料能吸收 80%～90% 的入射声。薄板状吸声结构在声波撞击板面时产生振动，吸收部分入射声，并将声能转化为热能。③隔声是利用隔声罩、隔声间、隔声门、隔声屏等结构，用声反射的原理隔声。简单的隔声屏能降低噪声 5～10dB；1mm 钢板作隔声门时，能降低噪声 30dB 左右；好的隔声间可降低噪声 20～45dB。④消声器是利用声阻、声反射、声干涉或空气柱共振等原理消耗声能，降低噪声。将消声器、消声箱放在电动机、空气动力设备及管道的进出口处，噪声可下降 10～40dB，响度下降 50%～93%，主观感觉有明显降噪效果。

2. 低噪声产品及零部件设计

为了降低机械系统工作时的噪声，还应针对设备运转时产生噪声的主要零部件进行有针对性的降噪设计，如齿轮和通风机，在设计中，应在分析这些零部件本身结构特点以及噪声产生的原因的基础上，从根本上采取综合措施以降低噪声。

（1）低噪声齿轮 齿轮在传动过程中，由于相互碰撞或摩擦会引起轮体振动，进而产生一定强度的噪声。在齿轮系统中，根据机理的不同，可将噪声分为加速度噪声和自鸣噪声两种。齿轮轮齿啮合时，由于冲击而使齿轮产生很大的加速度并引起周围介质扰动，由这种振动产生的声辐射称为齿轮的加速度噪声。在齿轮动态啮合力作用下，系统的各零部件会产生振动，这些振动所产生的声辐射称为自鸣噪声。

影响齿轮噪声的因素很多，日本加藤修教授在原联邦德国慕尼黑工业大学尼曼（Niemann）教授提出的计算渐开线齿轮噪声公式基础上提出了更简洁的表达式

$$L_A = \frac{20\left(1 + \tan\dfrac{\beta}{2}\right)k\sqrt{i}}{f_v \sqrt[4]{e}} + 20\lg P$$

式中，L_A 为在距声源 1m 处的声压 A 声级量值（dB）；β 为齿轮螺旋角；k 为系数，升速时 $k=4$，降速时 $k=8$；i 为齿数比；e 为重合系数；f_v 为速度系数，齿轮精度低、线速度高，则 f_v 较小；P 为传递功率（马力，1kW = 1.36 马力）。

利用上式可分析各参数对齿轮噪声的影响，并粗略估计齿轮噪声大小。通常，降低齿轮噪声的主要途径如下。

1）提高齿轮加工精度。

2）控制齿轮参数：模数 m、齿数 z、螺旋角 β、重合系数 e。

3）改进齿轮结构，如修缘、增加轮辐厚度等。

4）采用阻尼材料涂层。

（2）通风机的降噪设计 高速异步电动机采用通风机通风降温，但通风机在工作过程中会产生一定强度的噪声。为降低通风机噪声，需要分析通风机噪声声功率及其影响参数之间的关系。通风机噪声声功率 W 与以下参数有关，即

$$W \propto (1/\eta - 1)D^7 n^5$$
$$W \propto Z^2 q_v^5$$

式中，W 为通风机声功率；η 为风机效率；D 为风机叶轮直径（m）；n 为风机转速（r/min）；Z 为风路总风阻；q_v 为体积流量（m³/s）。

根据以上公式，要降低通风机噪声可以从以下几方面着手。

1）减小风机叶轮直径。由上式可知，通风机噪声声功率与叶轮直径的 7 次方成正比，

在设计中，有时将风机叶轮直径减小一半，可达到降低噪声 21dB 的效果。

2）降低风机转速。对于 100kW 以上的大功率电动机或高速电动机，如果不能采用直接降低风机转速的方法，则应采用单独驱动的低速电动机供风，这样也能显著降低噪声。

3）提高风机的运行效率。设计过程中，可根据具体工作参数由上述公式计算比转数 n_s，据此选择合适的风机型式，并合理选择风机叶片结构尺寸，以减少损耗，提高运行效率。

$$n_s = nq_v/(H_{20})^{3/4}$$

式中，n 为风机转速（r/min）；q_v 为体积流量（m³/s）；H_{20} 为标准工况 20℃ 时的风机压力（Pa）。

当 $n = 15 \sim 100$r/min 时，宜选用离心式风机；当 $n = 90 \sim 300$r/min 时，宜选用轴流式风机；当 $n = 75 \sim 120$r/min 时，两种风机均可用。

4）减小风阻。合理设计风路系统，将迎风的阻碍物尽量做成流线型，避免急剧转向或截面突变以减小风阻。

5）减小流量。噪声声功率与流量 q_v 的 5 次方成正比，因此，控制和减小流量对降低通风机噪声有明显效果。在设计中，选择高效电动机；采用高温绝缘材料以减少发热；对每台电动机选择合理流量（如对负载不足的电动机减小其流量）等方法都可以降低通风机噪声。

第四节　降低产品成本的设计

价值设计的核心内容是产品功能分析和产品成本分析。产品功能分析的作用是保证必要的产品功能，取消不必要或过剩的产品功能；产品成本分析是以满足产品必需功能为基础，研究产品功能与成本的最优化结合，寻找降低成本的途径。在竞争日益激烈的今天，为保证产品核心竞争力，企业在保证产品功能与质量、差异化与重点化的同时，还必须降低成本。成本是决定产品竞争力的重要因素。

一、产品的成本结构及特点

产品由概念设计到使用寿命结束的整个过程称为产品的寿命周期，基于寿命周期的产品总成本也就是产品的寿命周期成本，其成本结构如图 4-35 所示。产品寿命周期阶段包括设计阶段、加工生产阶段、销售及使用阶段、回收及报废阶段。产品寿命周期成本包括生产成本、运行成本和维修保养成本。其中生产成本又分为设计成本、材料及生产准备成本、加工成本和装配成本。研究产品寿命周期成本结构，在满足用户功能需求的前提下，通过研究、分析和评价产品寿命周期各阶段的成本构成，对原设计中导致产品成本过高的零部件进行设计修改，以达到降低成本的目的。

产品寿命周期成本结构中各部分所占比例由于产品类型的不同存在一定的差异，成本结构可以反映产品的生产特点。从各部分费用所占比例来看，有的大量耗费人工，有的大量耗用材料，有的大量耗费动力，有的则由经常性的周期维护产生大量维修费用，因此，不同类型的产品成本结构比例不同。如一些零件类的产品，其总成本中最主要的是生产成本，而汽车之类的产品，生产成本仅占总成本的小部分，占据比例最大的是运行及维修成本。机械产品通常由大量零部件组成，各零部件所占成本份额也有很大的差异。价值设计中，设计者只

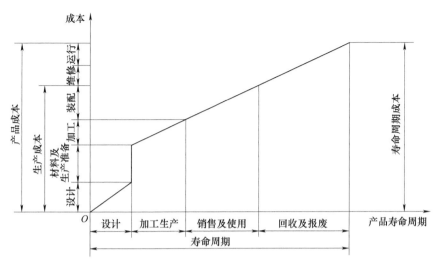

图 4-35　产品的成本结构

有在充分了解该产品寿命周期各阶段成本的比例结构、各零部件数量及所占成本份额的基础上，才能据此确定产品成本降低的方向和重点。

从产品寿命周期视角降低产品成本，可以从控制产品方案，降低生产成本，降低使用成本（运行成本与维修成本）等方面采取措施。全寿命周期价值设计方法要求，在前期设计阶段就应综合考虑后期生产加工、运输销售、使用及维修保养，以及回收报废等阶段涉及的问题，因此降低产品成本的方法和措施应主要集中在早期设计阶段。

二、通过设计降低产品成本

通过设计降低成本是价值设计中最关键和重要的一环，也是潜力最大的一部分。德国工程师协会规范 VDI 2235 中对企业一般产品生产的设计与开发、生产准备与加工、材料与外购件购买、管理与销售等 4 部分工作所占的时间比例（成本来源）及其对成本的影响（成本确定）进行定量分析，具体结果如图 4-36 所示。

通过图表可以发现，产品设计与开发过程虽然只占用了总体时间的 6% 左右，但其对成本的影响却达到了 70%。这是因为该阶段完成的工作，如决定产品工作原理、零件数量、结构尺寸、材料选用等直接影响到加工方法、使用性能等内容，在很大程度上决定了整个产品生产所需的材料、劳动力和管理的成本，因此，该阶段对产品总成本的影响最大。设计阶段的成本控制就是运用价值分析等技术对产品的功能需求、设计和定型、设备和材料的选用等进行技术经济分析和成本功能分析，选出最佳方案。结合产品寿命周期成本的构成，通过设计降低产品成本可以从以下几方面展开。

1. 降低设计成本

降低设计成本主要从减少设计时间、避免设计返工等方面考虑。

1）用户需求的准确获取和转换。产品的竞争能力取决于产品满足市场和用户需求的程度，只有彻底理解客户的需求，才能开发出具有竞争力的新产品，进而赢得市场获得成功。但是由于用户需求具有隐性、动态性、层次性、多样性，以及较难量化和较难准确表述等特点，设计过程中，早期确定的用户需求如果发生变更或调整，会造成设计程序的重新开始或

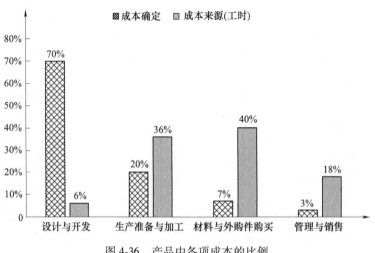

图 4-36　产品中各项成本的比例

设计方案的重大调整，耗费更多的设计时间和设计成本，甚至造成材料及生产准备成本的浪费。

2）计算机辅助设计和评价。在设计中尽量发挥计算机和网络的作用，在进行情报检索、计算、绘图、方案设计、方案评价等活动时，注意程序和图样等的规范性和标准性。目前逐步发展完善的专家系统，则是利用人类专家的知识和解决问题的方法，通过计算机程序系统解决设计领域方案确定的问题，这样可以在整个产品开发阶段的设计阶段将产品方案风险降低。应用计算机辅助工程系统能在节约设计时间的同时，提高产品生产效率、降低产品开发风险，进而使其更具市场竞争力。

3）系列或家族化设计。设计一种典型方案，利用相似原理及模块化设计原理较快地得到不同参数尺寸的多个系列方案，可节约设计时间。系列方案变型越多，缩短设计时间的效果越显著。

2. 降低材料成本

在机械设计中，材料成本在全部成本中所占份额较大，材料成本的控制是整个产品中最直接、最重要的部分之一，也是设计师实际上唯一能控制的可变成本。为了在设计阶段就完成降低材料成本的目的，应从材料的选择，产品零部件结构、体积、质量及产量的选择等方面展开分析和设计。

1）选择成本低、性能强的可替代材料。在设计中，具体可采用的方法有：使用大量生产的材料比使用稀有材料要更经济；对外购半成品或材料，还应尽量选择价格最低的平常尺寸或最受欢迎尺寸；尽量减少零部件的数量，并采用相似或重复零件设计；通过大批量生产降低零部件的材料成本；在选择材料时不仅要考虑每单元容量的低成本，还要考虑它的机械加工性、焊接性及可成形性。

目前被广泛应用于飞机、汽车等领域，用于代替钢材的铝合金材料是典型代表。铝合金材料密度低，只有钢材的1/3，但其强度高，接近甚至超过优质钢，且塑性好，具有优良的导电性、导热性和耐蚀性。虽然有些铝合金材料价格比钢贵，但在成本核算中，多出的材料成本则可由零件质量的减轻得到补偿。因此，无论是注重经济效益的民用飞机，还是注重作战性能的军用飞机，以及工作要求极其严苛的运载火箭，都大量使用了不同性能的铝合金材料。

烧结材料（粉末冶金）由于能弥补其他摩擦材料不能达到全天候型高负荷的特性，被广泛地用于飞机、火车、汽车等的制动带、离合器衬片等零件。烧结材料在大批量生产时，利用高精度成形可节约加工工时，同时，还能通过材料的配合，制成在微观上非均匀，在宏观上均匀的组织，以满足不同条件下的使用要求。如铁基烧结材料，虽然其密度可低至 $7.4g/cm^3$，但其具有较高的强度，因此能被用于加工齿轮、凸轮等零件。另外，烧结材料还多具有多孔性的特性，如用作含油轴承，其结构简单，减摩耐磨性好，也便于维护。另外，各种类型的工程塑料由于成型工艺简单、生产效率高、成本低等特点，在生产中被大量用来代替金属和木料。

2）采用节约材料的尺寸及结构。设计中，为了降低材料成本，还会选择采用节约材料的结构、体积、质量及产量，如常见的小型化设计、轻量化设计、精益设计等方法都能实现该目的。如设计中采用薄壳体加筋代替厚板结构，不仅可以减轻构件质量还能大大提高构件的强度和刚度。在层压板结构中，可以通过对各结构层采用不同材料压制的方法，获得强度高而质量小、结构受力合理的材料。如塑料和玻璃的层压板可作为防振玻璃，采用铜压层材料的不锈钢锅可增加导热率，聚四氯乙烯复层的铝制容器可减少食物的黏附作用（如不粘锅），而几层木料压成的胶合板不但可节约木料，还有消除木材方向性的作用。

3. 降低生产准备成本

生产准备成本是为进行生产准备所要花费的费用。企业生产过程中每批零件的加工都要进行机床、夹具、刀具、量具等生产准备工作，由这些准备工作产生的成本则为生产准备成本。零件批量越大，分摊到每件上的生产准备成本越低。因此，要降低生产准备成本，应主要从增加产品批量着手。

1）尽量使类似零件的尺寸相同，在同一产品或不同产品上采用相同的零件。如某减速器结构在最初设计中，中间齿轮轴两端的轴承盖结构相似，但尺寸大小不同，为了降低生产准备成本，如将这两端的轴承盖改为相同的尺寸，则可通过减少零件种类、增加同一产品批量的方法使成本降低45%左右。

2）建立相似零件的零件族，采用成组加工工艺。机械产品虽千差万别，但其构成零件却有70%属于几何结构类似的相似件。若按其相似性进行分类并建立相应零件族，则可对其按相似工艺组织生产加工，进而大幅度提高标准化程度。

3）采用模块化组合结构，将零件进行模块化处理，确保其可大量生产并多次使用。被誉为"起重机械专家"的德国德马克公司（DEMAG），其生产的桥式吊车系列在采用模块化结构后，单件结构的设计费用缩减为原来的12%，同时生产成本降低为原来的45%。

4. 降低加工成本

加工成本是除材料成本与准备成本外的另一重要的成本项目。影响加工成本的主要因素是生产工艺设计与装配设计。由于零部件制造过程中工艺手段的多元化，不同的工艺方式、方法在不同的生产状态下，所产生的效果截然不同，尤其是对于不同的产品结构、不同的加工设备、不同的人员结构、不同的管理方式都有不同的工艺方案。因此要降低零部件的加工成本，没有统一的标准和做法，但具体可以从以下几个方面采取措施。

1）根据现有加工设备和条件合理设计结构。不同的加工设备和条件下能实现的零部件结构、尺寸和精度等具有一定的差异。如采用传统机床加工的零部件，一般不能完成较高精度要求的倒角和过渡圆弧，而采用数控加工机床则可完成较高精度的小尺寸结构、圆弧、球面结构或倒角。

2）加工设备及工艺流程的选取。任何零部件的加工都是由不同的设备通过不同的工艺流程来完成的。复合加工中心、机器人、自动化生产线等的发展，促进了机加工质量、加工效率等的飞跃性提升，也降低了产品零部件的成本。在加工工艺上，用无屑加工（压铸、冲压、注塑、粉末冶金等）代替机加工可以节约材料和工时。如注塑成型，其既节约材料，又能将多个元件塑为一个整体，对零件加工成本的降低效果显著。再如对单件或小批量生产条件，以焊代铸对降低加工成本有明显效果。某生产泵座的公司做过相关成本分析，该公司每生产 10 件泵座，采用铸铁铸造工艺的成本为 546 美元/件；若改为钢板焊接工艺，成本仅为 160 美元/件，单件产品加工成本降低了 71%左右。对于整个产品不同零部件的工艺路线，应简化工艺内容，做到工序粗、精加工分开，冷、热加工合理搭配，工序内批量化加工，基准统一。

3）科学选择加工制造工艺参数。在生产加工时，零部件尺寸精度要求、公差配合及表面粗糙度要求的不同会对生产成本产生很大的影响。一般来说，5 级精度（平均公差 $5\mu m$）比 8 级精度（平均公差 $20\mu m$）的相对成本要高一倍多。在具体加工时，对于加工精度要求不高的零部件，可以考虑加大进给量及切削深度，提高切削速度等参数，通过这些措施可以降低制造的复杂性，同时还能缩短生产周期进而降低产品加工成本。

4）尽量采用标准件、专业生产的外购件以及现有成熟的零部件。标准件是指结构、尺寸、画法、标记等各个方面已经完全标准化，并由专业厂家生产的常用零部件。外购件一般指没有标准化的零件，需要单独进行设计和定做，也就是从外部专业生产厂家订购获得。标准件和外购件的使用，不仅可以降低生产企业的生产准备、加工、维修更换成本，同时还由于标准件和外购件企业大批量生产、专业化程度高等特点，可以用较低的价格购买到更高质量水平的零部件。

5. 降低装配成本

装配是产品生产过程中至关重要的活动，装配费占整个生产成本的 30%～50%左右。产品的装配成本取决于零部件的装配难易程度，而零部件的装配难易程度取决于零部件的装配特征，产品的装配序列以及装配资源对产品的装配成本也有直接影响。

1）选用便于装卸的结构。如采用快动连接结构，由于该结构仅需要通过一定弹性变形达到连接的目的，因此，结构简单，便于装拆。

2）便于自动装配。对一些容易实现自动运输和符合机械手自动装配要求的零件，在设计中应考虑对其实现自动装配。

3）采用标准化、模块化和积木块式组合结构。组合结构是零件的组合，功能的组合，即用简单的结构满足更多的功能要求。采用组合结构既可减少零件数量又便于装配，因此对降低产品成本效果显著。

6. 降低产品使用成本

使用成本是购买者在使用产品过程中所发生的一切费用，包括产品使用期内的运行、维护、修理、更换零件等的成本。如家用电器类最直接的使用成本是对电能的消耗和自身的损耗；汽车、摩托车的使用成本是对汽油的消耗和零件的磨损；传统相机的使用成本则是胶卷的消耗和冲印的支出。从某种意义上来说，使用成本是生产成本的一种必要的补充。在产品使用过程中，若能对失效的零部件进行更换或重复利用，则既能延长产品寿命周期、控制污染、提高材料的使用率和经济效益，又能降低产品成本，提升产品市场竞争力。因此，在设计环节就必须站在消费者的立场考虑降低使用成本的有效措施。

1）通过设计降低产品能源消耗，提高产品质量，改善产品性能。在家用电器中，设计具有更高能效，或者可以变频使用的电冰箱、洗衣机、冰箱等，都能降低这类产品的使用成本。如对于 268L 的家用电冰箱产品，1 级能效和 3 级能效相比，每天可节省约 0.7kW·h 电，每年可节省约 260kW·h 电，从整个电冰箱使用寿命周期来看，可节省约 1560 元［以电费 0.5 元/（kW·h）、12 年使用寿命计算］。若与电冰箱能效提升增加的成本对比，大约 3 年使用期间节约的电费即可抵消前期投入。

2）在不影响产品效用的前提下，通过结构的设计降低产品维修难度和成本。维修成本指的是产品进入销售使用环节中，设备需要修理、维修、安装调试等活动，所发生的材料费、人工费、测绘费、检测诊断费等。由于结构设置问题，有时为了维修汽车的一个车灯，需要先拆掉保险杠等零件；为了检测、更换或拆除一些故障多发的零部件，需要使用一些不常用到的、专门的设备或工具；没有预留足够的空间用于徒手或使用工具更换或维修某个故障多发零部件。这些为了完成维修目的而多增加的人工费、检测诊断费、设备使用费等，在设计中都应采取措施避免或尽量降低。

3）通过修理或更换配件重复利用。对部件中的易损元件进行标准化处理，并采用插入式结构使其便于修理和更新。如汽车零件中的座位、散热片等在标准化后即可适用于不同型号的汽车。同样，损坏设备中的某些零件也可以作为功能件被再次应用于其他结构中。

4）易于解体，便于材料分类。采用积木式组件或便于装拆的快动连接等结构，使失效部件便于解体，以便重新利用或材料回收。在设计过程中，设计者就应该考虑不同材料在失效后的回收处理问题。如在汽车产品中，铜线都集中在电缆里。汽车报废回收时，如果电缆方便拆卸，则这部分材料的回收就简单方便。但如果汽车整体要回炉重新炼钢的话，由于铜类杂质会使钢变脆，因此炼钢前不能方便拆卸的电缆里用铜线就不是最佳选择，这时可以选择不会让钢变脆的铝材来做导线和散热器。

第五节 价值分析和评价

产品通常包含多个功能元件，在价值设计中，必须将那些对性能及成本影响重大的主要功能元件作为分析对象，对其采取有效措施以提高整个产品的价值。因此价值分析和评价主要从价值分析及设计对象的确定与价值设计方案的评价两个方面展开。

一、价值分析及设计对象的确定

1. 价值分析对象选择原则

选择价值工程对象时一般应遵循以下两条原则：一是优先考虑企业生产经营上迫切要求改进的主要产品，或是对国计民生有重大影响的项目；二是对企业经济效益影响大的产品（或项目）。具体包括以下几个方面：

1）设计方面：选择结构复杂、体积和质量大、技术性能指标差、能源消耗高、原材料消耗大或是稀有、贵重的奇缺产品。

2）施工生产方面：选择产量大、应用面广、工序烦琐、工艺复杂返修率高、废品率高、原材料和能源消耗高、质量难以保证的产品。

3）销售方面：选择用户意见大、退货索赔多、竞争力差、销售量下降或市场占有率低的产品。

4）成本方面：选择成本高、利润低的产品或在成本构成中比重大的产品。

2. 价值系数分析法

价值系数分析法通过分析元件功能和成本之间的关系，寻找成本与功能不相适应的元件并将其作为价值工程重点分析对象和改进的目标，价值系数由功能系数和成本系数两部分决定。价值系数分析法的步骤如下。

1）计算功能系数 F_i：功能系数即功能重要程度。在分析过程中，由工程经验丰富的专业人员利用经验评分法对各分析对象按照不同功能单元结构的重要程度进行赋值或两两比对打分，汇总分析后得到该零部件的功能系数。常用的重要度排序赋值法有：0 和 1 评分法、4 分制评分法、多比例评分法、流程比例法、重要度对比法等。

2）计算零件的成本系数 C_i：零件成本与产品总成本的比值。

3）计算零件的价值系数 V_i：零件功能系数与成本系数的比值。

$$V_i = \frac{F_i}{C_i}$$

4）分析零件的价值。

根据价值工程理论，当零部件的价值系数 $V_i \approx 1$ 时，意味着零件的功能与成本相当，是零部件功能成本匹配的理想状态。

当零件的价值系数 $V_i > 1$ 时，表明零部件的功能比较重要，但成本较低，易出现零件的失效和缺陷，应予以调整。可考虑选择更好的材料或采用更高精度的加工，以强化功能。

当零件的价值系数 $V_i < 1$ 时，说明零部件的成本过高，与功能不相匹配，应作为价值工程首选分析对象，进一步降低成本。可考虑采用较低质材料或减少精密加工等多种方式降低成本。

但是当潜在分析对象较多时，价值系数 $V_i < 1$ 的对象也会相应增多，为进一步从诸多价值系数小于 1 的对象中选择当前迫切需要进行价值改善的重点对象，需要对分析对象进行优化选择。日本的田中教授在 19 世纪 70 年代提出了一种价值工程分析对象优化选择的方法——最合适区域法，也叫田中法。该方法的原理是基于价值系数的大小，对所分析对象功能与成本的匹配程度进行图样化直观描述，并筛选出最具优化意义的价值工程对象，从而有针对性地展开工作。具体来说，如图 4-37 所示，横坐标是成本系数，纵坐标为功能系数，以原点出发的 45°直线表示价值系数等于 1 的合集，称为标准线，代表零部件功能成本匹配的理想状态。标准

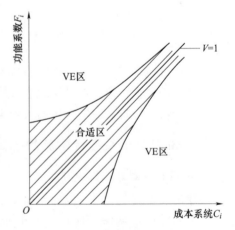

图 4-37 最合适区域法（田中法）
重点优化对象分布区

线两侧曲线之间区域称为合适区，即零部件价值系数对应的点落在合适区内，则其不作为价值工程优选对象；若落在合适区以外，则是价值工程重点优化对象。

最合适区域法的设计初衷在于，在选择价值工程对象时，不能仅考虑零件价值系数小于1的情况，还要综合考虑零部件功能系数和成本系数绝对值的大小。对于那些功能重要性系数和成本系数较大的零件，由于改善其功能或成本对全局影响相对较大，应当从严控制，不应使其偏离价值系数标准线太远。而对那些成本系数和功能重要性系数较小的零部件，因其变动对全局影响较小，可以允许其偏离价值系数标准线稍远。因此，这种方法能避免价值工程对象选择的离散性和盲目性，提高了价值工程分析工作效率。

3. ABC 分析法

意大利经济学家帕雷托发现美国 80% 的人只掌握了 20% 的财富，而另外 20% 的人却掌握了 80% 的财富，并将这一关系用图表的方式表示出来，这就是著名的帕雷托定理，也就是"80/20"规则。该规则的核心思想就是决定一个事物的诸多因素中，少数因素对事物具有决定性作用，而多数属于对事物影响较小的次要因素。ABC 分析法基于这一规则，通过分类排队，将"最关键的少数"因素找出来，将有限的力量用于解决具有决定性影响的"关键少数"事物上，以便取得事半功倍的效果。这种方法通常根据事物在技术或经济方面的主要特征，进行分类排队，分清重点和一般，从而有区别地确定处理方式的一种方法，由于它把被分析的对象分成 A、B、C 共 3 类，所以称为 ABC 分析法。

在价值工程中，ABC 分析法常被作为选择占成本比重大的零件、工序或其他要素作为价值分析对象的方法。通过分析，零部件一般根据以下规则被分成 A、B、C 共 3 类。利用这种分类方法，可以找到对产品成本影响最大的、需要被作为分析及降低成本的主要对象 A类零部件。

A 类零部件：数量占产品零部件总数的 10% ~ 20% 左右，成本占产品总成本的 60% ~ 70% 左右。

C 类零部件：数量占产品零部件总数的 60% ~ 70% 左右，成本占产品总成本的 10% ~ 20% 左右。

B 类零部件：其余部分的零部件称为 B 类零部件，其成本与占产品成本的比例相适应。

【例 4-1】 某厂 ZQ 型减速器系列产品，由于其寿命短、性能差，因此该减速器系列被作为价值分析的对象。现以图 4-38 所示的 PM650（总中心距 650mm，总传动比 31.495）减速器为分析对象进行分析。

解：

① 对减速器中 A 类零件进行分析，具体数据汇总见表 4-2。

② A 类零件功能系数分析。

利用重要度对比法将产品各元件（功能载体）按顺序自上而下和自左至右排列起来，将纵列各功能与横行各功能进行重要性对比，双方的得分可分为 4（重要得多）、3（重要）、2（同等重要）、1（次要）、0（次要得多）共 5 级，将分值 P_i 填于表 4-3 中，形成矩阵形式。

A 类零件的重要程度为：箱体＞箱盖＞齿轮轴 1＞齿轮轴 2＞（大齿轮＝小齿轮）＞轴 3。

③ A 类零件的成本系数和价值系数分析，见表 4-4。

零件的成本系数为

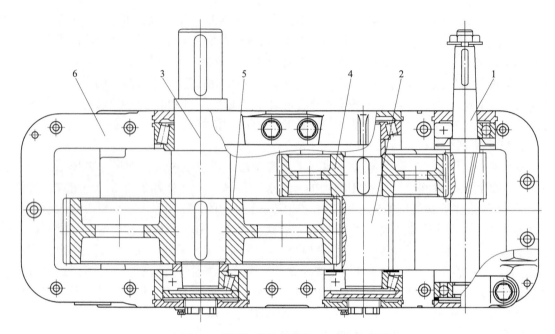

图 4-38　待进行价值分析的 PM650 减速器

1、2—齿轮轴　3—传动轴　4—小齿轮　5—大齿轮　6—箱体

表 4-2　PM650 减速器中的 A 类零件

零件名称	件数	PM650 总零件数	A 类零件占零件总数的比例	成本/元	PM650 总成本/元	A 类零件占总成本的比例
箱体	1			2537		
箱盖	1			618		
大齿轮	1			552		
小齿轮	1	108	6.48%	231	5269.26	83.16%
齿轮轴 1	1			190		
齿轮轴 2	1			143		
传动轴 3	1			111		

表 4-3　PM650 减速器 A 类零件功能系数分析表

功能元件	4 分制评分矩阵							P_i	$F_i = \dfrac{P_i}{\sum P_i}$
	箱体	箱盖	大齿轮	小齿轮	齿轮轴 1	齿轮轴 2	轴 3		
箱体	—	3	4	4	4	4	4	23	0.274
箱盖	1	—	4	4	3	4	4	20	0.238
大齿轮	0	0	—	2	0	1	3	6	0.071
小齿轮	0	0	2	—	0	1	3	6	0.071
齿轮轴 1	0	1	4	4	—	3	4	16	0.191
齿轮轴 2	0	0	3	3	1	—	4	11	0.131
传动轴 3	0	0	1	1	0	0	—	2	0.024
总计								$\sum P_i = 84$	$\sum F_i = 1$

$$C_i = \frac{零件成本}{产品总成本}$$

零件的价值系数为

$$V_i = \frac{功能系数}{成本系数} = \frac{F_i}{C_i}$$

表 4-4 减速器 A 类零件的成本系数及价值系数

功能元件	成本/元	成本系数	功能系数	价值系数
箱体	2537	0.579	0.274	0.47
箱盖	618	0.141	0.238	1.69
大齿轮	552	0.126	0.071	0.56
小齿轮	231	0.053	0.071	1.34
齿轮轴 1	190	0.043	0.191	4.44
齿轮轴 2	143	0.033	0.131	3.97
轴 3	111	0.025	0.024	0.96
总计	4382	1	1	

注：价值系数分析结果说明如下：

1. 零部件的价值系数 $V_i \approx 1$ 时，零部件的功能与成本相当。

2. 零部件的价值系数 $V_i > 1$ 时，零部件功能重要，但成本偏低，应予调整。

3. 零部件的价值系数 $V_i < 1$ 时，零部件成本过高，与功能不相匹配，应降低成本。

④ 价值优化措施。

根据表 4-4 结果可知如下结论。

箱体和大齿轮的价值系数 $\ll 1$，成本过高，应着重改进。

两个齿轮轴的价值系数 $\gg 1$，功能与成本也不适应，这时应考虑进行调整。价值优化的重点是箱体和大齿轮。

因此，将箱体、箱盖由铸铁件改为焊接件；$\phi 1200mm$ 以下的齿轮全部采用锻钢件。预计这两项措施可降低废品率和缺陷率，减少工时，缩短周期，外形更美观，也能使总成本下降 6% 左右。

二、价值设计方案的评价

价值设计实质是以功能为评价对象，以经济为评价尺度，通过设计过程找出某一功能的最低成本。价值设计方案评价是对价值设计的重点对象提出的改进方案，从技术上和经济上进行分析、比较和优选。成本分析与降低是建立在成本估算的基础上，因此产品成本估算对价值工程设计中成本的降低有着非常重要的作用。在评价过程中对同类型设计方案采用成本估算的方法确定其可能的成本，并据此对其进行排序和比较，常见的成本估算方法有：质量成本估算法、材料成本估算法、相似产品成本估算法等。

1. 质量成本估算法

质量成本估算法的工作原理是在对典型产品各部件/系统的质量及单位质量生产成本进行分析的基础上，建立基于质量的各部件/系统生产成本之间的成本估算参数模型，以便在同类型产品或系统成本分析过程中应用该模型估算各部件或系统的成本。

质量成本估算法计算公式为

$$C = Wf_{\mathrm{w}}$$

式中，C 为生产成本（元）；W 为产品质量（kg）；f_{w} 是质量成本系数（元/kg）。

f_{w} 质量成本系数可以通过统计，用最小二乘法正交回归曲线获得。

$$f_{\mathrm{w}} = KW^P$$

式中，K、P 均为系数，随不同产品而异。上式两端取自然对数，得到

$$\ln f_{\mathrm{w}} = \ln K + P \ln W$$

如已知任意两点的值 $f_{\mathrm{w}1}$、W_1 和 $f_{\mathrm{w}2}$、W_2，则可求出 K、P 为

$$K = f_{\mathrm{w}1} W_1^{-\tan\alpha}$$

$$P = \tan\alpha = (\ln f_{\mathrm{w}2} - \ln f_{\mathrm{w}1}) / (\ln W_2 - \ln W_1)$$

另外，f_{w} 也可以通过作图法计算。

【例 4-2】 图 4-39 为某类型套类零件，其在不同质量下的生产成本数据见表 4-5。试根据表 4-5 数据估算在 $W = 76\mathrm{kg}$ 条件下，该类零件的生产成本。

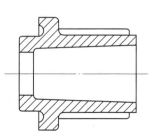

图 4-39 某类型套类零件

表 4-5 某套类零件质量、生产成本统计表

零件号	质量 W/kg	生产成本 C/元
1	4.9	67.62
2	11.8	123.91
3	29.8	244.36
4	109	577.71
5	204	938.45

解：① 计算质量成本系数，具体数据见表 4-6。

表 4-6 某套类零件质量、生产成本、质量成本系数统计表

零件号	质量 W/kg	生产成本 C/元	质量成本系数 $f_{\mathrm{w}}(f_{\mathrm{w}} = C/W)$ /（元/kg）
1	4.9	67.62	13.8
2	11.8	123.91	10.5
3	29.8	244.36	8.2
4	109	577.71	5.3
5	204	938.45	4.6

② 用作图法计算 f_{w}。

根据以上 5 个零件质量及质量成本系数之间的对应关系，用最小二乘法正交回归曲线可以发现，W 和 f_{w} 之间是一直线关系，如图 4-40 所示。在横坐标上取 $W = 76\mathrm{kg}$ 点作垂线，与曲线交点的纵坐标即为质量对应的质量成本系数，此时 $f_{\mathrm{w}} = 6.7$ 元/kg，$C = Wf_{\mathrm{w}} = (76 \times 6.7)$ 元 $= 509.2$ 元。利用作图法计算得到在 $W = 76\mathrm{kg}$ 条件下，该类零件的生产成本为 509.2 元。

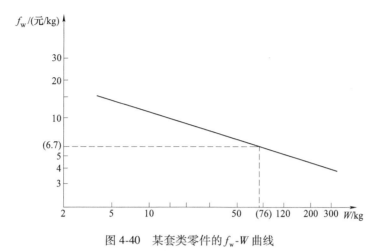

图 4-40 某套类零件的 f_w-W 曲线

③ 用解析法求。

在 5 个零件中，取质量在 $W = 76\text{kg}$ 两侧最近的两个零件，零件 3 和零件 4，其对应的质量及质量成本系数值分别为

$$W_3 = 29.8\text{kg}, \quad f_{w3} = 8.2 \text{ 元/kg}$$

$$W_4 = 109\text{kg}, \quad f_{w4} = 5.3 \text{ 元/kg}$$

代入前述式子进行计算，可得

$$P = \tan\alpha = \frac{\ln f_{w4} - \ln f_{w3}}{\ln W_4 - \ln W_3} = \frac{\ln 5.3 - \ln 8.2}{\ln 109 - \ln 29.8} = \frac{1.668 - 2.104}{4.691 - 3.395} = -0.3365$$

$$K = f_{w3} W_3^{-\tan\alpha} = 8.2 \times 29.8^{0.3365} = 25.7$$

$$f_w = KW^P = (25.7 \times 76^{-0.3365}) \text{ 元/kg} = 5.98 \text{ 元/kg}$$

则估算出设计 $W = 76\text{kg}$ 条件下套类零件的生产成本为

$$C = Wf_w = (76 \times 5.98) \text{ 元} = 454.5 \text{ 元}$$

2. 材料成本估算法

材料成本是生产成本的一个组成部分。据统计，产品结构的复杂程度和加工特点不同，其材料成本在生产成本中所占的比例不同，且每类产品的材料成本 C_m 相对于生产成本 C 的百分比即其材料成本率 m 是有一定范围的。德国工程师协会规范 VDI 2225 中给出了利用统计方法求得的各类产品的材料成本率 m 的参考数值，具体数据见表 4-7。若已知某类产品的材料成本率 m，则可利用新产品的材料成本来估算其生产成本，具体公式为

$$C = C_m/m$$

式中，C 为某产品的生产成本；C_m 为该产品的材料成本；m 为该类型产品的材料成本率。

若已知某产品的生产成本 C_0 及相应的材料成本 C_{m0}，新设计的同类产品材料成本为 C_m，根据材料成本率分析方法，可估算其生产成本 C 为

$$C = C_0 C_m/C_{m0}$$

表 4-7　各类产品的材料成本率（$m = C_m/C$）　　　　　　（%）

产品类型	m	产品类型	m
吸尘器	80	柴油发动机	53
起重机	78	蒸汽轮机	44～49
小汽车	65～75	挂钟	47
货车	68～72	电动机	45 47
铁路货车	68	重型机床	44
缝纫机	62	电视机	38
铁路客车	57	中型机床	34
水轮机	56	精密钟表	31

新产品的材料成本可按下式估算

$$C_m = 1.25W + 1.15Z$$

式中，$W = \sum_{i=1}^{n} V_i \gamma_i K_i$；$Z = \sum_{j=1}^{p} z_j$。

式中，Z 为外购件成本（元）；W 为自制件成本（元）；V_i 为某种自制件的体积（cm^3）；γ_i 为某种材料的密度（kg/cm^3）；K_i 为单位质量材料的价格（元/kg）；n 为自制件种类数；z_j 为某种外购件成本（元）；p 为外购件种类数。

3. 相似产品成本估算法

几何结构相似的产品可按它们之间的相似关系对生产成本进行估算。

对于单件、基础产品来说，其生产成本 C 可由下式计算

$$C \approx C_r + C_f + C_m$$

式中，C_r 为生产准备成本；C_f 为加工成本；C_m 为材料成本。因此，要计算产品生产成本，在求出产品生产准备成本、加工成本、材料成本 3 部分的基础上，对其求和即可。

相似产品成本估算法的理论出发点是：产品若相似，其几何尺寸、生产准备成本、加工成本和材料成本都成一定比例。虽然相似产品生产成本之间不存在固定的相似比例，但仍可以在长度相似比的基础上求得有关各类成本的相似比，再通过相似计算求得相似产品的各类成本，进而通过求和计算总生产成本。相似产品成本估算具体应用公式如下。

相似产品几何尺寸比为 $\phi_1 = l/l_0$，式中，l_0 与 l 分别为已知产品与所求的相似产品的相应几何尺寸长度。

由生产加工实践可知，生产准备成本与批量 n、n_0 有关。根据大量实例统计数据可知，各批相似产品的生产准备成本比 ϕ_{C_r} 是长度比的 0.5 次方，即

$$\phi_{C_r} = \frac{nC_r}{n_0 C_{r0}} \approx \phi_1^{0.5}$$

因此，相似产品的生产准备成本

$$C_r = \frac{n_0}{n} C_{r0} \phi_{C_r} = \frac{n_0}{n} C_{r0} \phi_1^{0.5}$$

同样，根据生产加工经验可知，加工成本与加工面积直接相关。根据相似理论可推导出面积比与长度比成二次方关系，故加工成本比 ϕ_{C_f} 是长度比 ϕ_1 的二次方，即

$$\phi_{C_f} = \frac{C_f}{C_{f0}} = \phi_1^2$$

因此，相似产品加工成本为

$$C_f = C_{f0} \phi_{C_f} = C_{f0} \phi_1^2$$

材料成本取决于产品体积，而相似产品体积比与长度比成三次方关系，故材料成本比 ϕ_{C_m} 是长度比的三次方，即

$$\phi_{C_m} = \frac{C_m}{C_{m0}} = \phi_1^3$$

因此，相似产品材料成本

$$C_m = C_{m0} \phi_{C_m} = C_{m0} \phi_1^3$$

则可求得相似产品的成本 C 估算公式如下

$$C = \frac{n_0}{n} C_{r0} \phi_1^{0.5} + C_{f0} \phi_1^2 + C_{m0} \phi_1^3$$

式中，C_{r0}、C_{f0}、C_{m0} 为已知产品的生产准备成本、加工成本和材料成本；ϕ_1 为所求产品与已知产品的长度相似比，$\phi_1 = l/l_0$；n、n_0 为所求产品与已知产品的批量。

【学习延读】

工程领域里，价值是指某种产品（劳务或工程）的功能与成本（或费用）的相对关系，哲学上的价值是揭示外部客观世界对于满足人的需要的意义关系的范畴，是指具有特定属性的客体对于主体需要的意义。客体对主体的用处越大，价值越大。

我们所处的这个时代，工业和科学飞速发展，新产品、设备犹如雨后春笋般涌现，给我们的生活、学习、工作带来了很大的变化。我们在享受这些技术、产品带来便利的同时，是否思考过身边各样产品的利与弊，或者说是它们的价值？我们看到，机器具有减少人类劳动和使劳动更有成效的神奇力量，然而却引起了过度的饥饿和疲劳；地球的各项资源为人类创造了巨大的财富，却也导致了许多资源的衰竭；各种高科技化工产品为人类生活带来了方便的同时却也导致了环境污染、白色垃圾和温室效应的产生。在审视这些问题时，设计的目的、设计的价值等问题是我们首先要解决的。

设计是实现产品价值的重要手段，它可以创造和提升生活的质量。设计的价值在于实用价值、审美价值和伦理价值。实用价值是设计创造的第一价值，是设计产品存在的最基本价值，是设计的基本任务和目的。审美价值作为一种艺术价值，是艺术设计作为艺术存在的根本。而设计的伦理价值则超越了使用价值和审美价值，属于更高道德层面的价值。

虽然现代设计与利润利益等商业目标密不可分，但设计的目标是生活服务，为人民服务，这一目标将设计指向广大人民的利益。一旦设计为少数人的利益服务，而这少数人的利益与广大人民的利益背道而驰，那这样的设计是违背道德的，是没有价值的。只有当设计为人的生存、生活服务，使人民生活幸福，这样的设计才算实现了它的终

极目标和最高目标。

劳动创造财富

思 考 题

1. 价值设计的目的意义及核心是什么？如何提高产品的价值？
2. 价值设计的内容有哪些？
3. 提高产品性能的设计有哪些措施？
4. 从误差类型分析提高精度的设计方法有哪些？
5. 举例说明自助原则及其常见的形式。
6. 降低产品成本的设计可以从哪几方面着手？
7. 价值分析对象选择的原则有哪些？
8. 如何进行成本估算？

第五章

设计评价理论及方法

工程设计是把工程决策所确定的"观念"形态人工物，经创造性的知识运作，构建为符号、知识形态人工物的工程知识生产过程。工程设计是一个复杂多解的问题，针对某问题获得尽可能多的设计方案，对各方案进行评价并从中选择最佳方案，是工程设计中两个重要的步骤。

设计方案的选择，其结果对后续详细设计有着重要的影响，也基本决定了产品的性能和成本。然而在传统产品设计过程中，设计人员在不同阶段的评价和选择行为，大多基于个人的经验和偏好，评价过程缺乏统一评判标准，结果具有较强的主观性和随意性。一旦判断失误，轻则会造成整个产品设计开发周期的延长和成本的增加，重则会因决策失误使企业陷入市场竞争的困境。设计评价方法是人们在设计实践中不断试验，总结经验，后又借鉴管理学、运筹学、数学等相关学科的知识逐渐发展和积累起来的。

第一节　概　　述

一、评价的概念及意义

在日常生活中，人们常常需要参照一定的标准对某一个或某一些特定事物、行为、认识、态度进行各种各样的评价，评价其价值高低或状态优劣，并通过评价达到对事物的认识，进而指导一定的决策行为。"评价"是指根据确定的目的来测定对象系统的属性，并将这种属性变为客观定量的计值或者主观效用的行为。评价是决策的前提，评价的核心任务是"选择"。没有确切的度量，就没有合理的选择，即评价的"质量"直接影响到决策的"质量"。

工程设计是一个发散—收敛、搜索—筛选多次反复发展的过程。在解决具体问题过程中，工程设计人员自觉或不自觉地对系统的工作原理、运动方案、结构方案、使用材料以及整个设想方案做出的比较和分析，都属于评价和决策，整个设计开发过程也只有借助逐段评价才能用较经济的手段获得最佳的设计效果。同时，评价活动也不应仅被理解为对方案的科学分析和评定，还应包括在对方案全面认知基础上，从结构、技术和经济等方面对其展开的改进和完善。因此，从一定意义上来说，广义的评价活动实质上是产品开发的优化过程。

对于工程设计来说，评价是产品开发过程中决策的基础和依据，评价活动的"质量"

影响着决策的"质量"以及企业的竞争力。同时，方案评价是提高产品质量的首要前提。通过评价活动，工程设计人员可以更好地认识设计方案在工作原理、运动方案、材料使用、成本等方面所达到的程度，也能据此发现问题并找到改进和优化的方向。此外，方案评价有利于提高设计人员的素质，形成合理的知识结构。评价活动涉及产品生命周期各阶段中与技术、原理、材料、结构、装配、维修等有关的知识和内容，工程设计人员通过完整的评价活动，可以更好地理解和掌握设计阶段之外产品在生产加工、运输、维修等过程中，所涉及技术、经济、管理等方面的知识和经验，完善了原有知识结构，也利于后期更好地开展设计活动。

二、工程设计评价的一般过程

由于工程设计具有约束性、多解性和相对性等特点，在工程设计过程中需要对前期获得的多个设计方案进行分析评价。工程设计中评价活动的具体过程如图 5-1 所示。

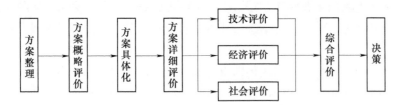

图 5-1　工程设计中评价活动的具体过程

1. 方案整理

为了更好地解决具体工程问题，设计过程中通常会尽可能多地构想各种可能方案。在评价过程中，对所有方案从结构、技术、经济等方面展开详细的评估，既要耗费大量的人力、物力和成本，增加产品成本；同时还会极大地延长产品设计开发周期，导致企业错失市场先机。因此，在对方案进行具体化和详细评价之前，应对前期构思的大量设计方案进行整理。

方案的整理工作大致从以下几个方面展开。

1）将构思相同或相近的方案归纳到同一类别。

2）将抽象的或含糊的方案明确化。

3）分析表面上离题太远的方案，看其有无合理的地方，若无，则剔除。

4）不同的构思方案如果能进行组合则尽量组合，这样既减少了评价对象，节省了评价时间，又能使方案更趋完善，也有助于最终获得价值更高的方案。

2. 方案概略评价

方案概略评价，即通过将新方案与原方案从技术、经济、社会等角度进行对比来完成。从技术角度看新方案实现功能的可能性如何；从经济角度看新方案在成本方面与原有产品相比，降低幅度有多大；从社会角度看新方案是否能有效地利用资源，是否有严重的污染或噪声，或有无违反国家某些政策法规的地方。在经过这几方面的比较和分析后，将得到一定数量经过概略评价后的方案，用于后续评价工作。

3. 方案具体化

在对备选方案进行详细评价前，应对其进行具体化处理。方案具体化处理的内容一般包括以下几个方面：各组成部分的具体结构和零件的设计；选用的材料和外购配套件；加工方法；工艺装配方法；检验方法和运输库存方法等。对方案中拟采用的新结构、新材料、新工艺，还要进行模拟实验，看其是否满足要求。如果发现存在问题或实现功能有问题，应对原方案相关内容进行修正。

4. 方案详细评价

为了选取最终实施方案，还需要从技术、经济、社会等方面或从综合的角度对备选方案进行详细评价。详细评价的内容主要涉及技术、经济、社会 3 个方面。

（1）技术评价的内容

1）必要功能能否实现以及实现程度。

2）方案各项参数能否达到。

3）方案在技术上实施的可能性等。

（2）经济评价的内容

1）成本与成本节约额。

2）利润与利润增加额。

3）方案实施的费用损失。

4）方案寿命周期及投资回收期等。

（3）社会评价的内容

1）方案需要的条件与国家有关技术政策、科技发展规划是否一致。

2）企业所取得的效益与社会效益是否协调一致。

3）方案实施与环境保护、生态平衡是否协调等。

在技术评价、经济评价、社会评价的基础上，还需对方案进行总体综合评价。总体综合评价不仅包括技术、经济、社会方面的因素，而且还包括市场、原材料来源、能源、劳动力资源、科技发展情况等许多方面的因素。由于总体综合评价涉及的指标较多，在评价过程中应先完成主体评价指标的选择以及体系结构的构建。

5. 决策

在技术、经济、社会和综合评价的基础上确定最终的实施方案。

第二节 综合评价基本内容

综合评价指针对多属性体系结构描述的对象系统做出全局性、整体性的评价，即对评价对象的全体，根据所给的条件，采用一定的方法给每个评价对象赋予一个评价值，再据此择优或排序。工程设计对象一般为多个零部件的组合结构，在评价过程中也涉及经济、技术、社会等多方面的评价目标，因此对工程设计方案开展的评价多为综合评价。

一、评价准则的设立及评价指标体系的构建

1. 评价准则的设立

在进行方案评价时，所依据的评价准则和采用的评价方法，对评价结果的准确性和有效性有着决定性的意义。具体操作时，评价准则会根据产品设计要求和约束条件的不同而有所区别。

对工程设计来说，评价准则的设立一般要考虑以下 3 方面的内容。

1) 技术评价目标,如工作性能指标、加工装配工艺性、使用维护性等。

2) 经济评价目标,如成本、利润、实施方案的费用、投资回收期等。

3) 社会评价目标,即方案实施对社会的影响。如是否符合国家科技发展政策;是否有利于资源利用和能源的节约;对环境污染、噪声的影响等。

设立的评价准则应满足如下基本要求。

1) 评价所依据的设计目标和约束条件应尽可能全面。所建立的评价准则,应尽可能地反映被评价问题的各个方面,不仅要考虑对产品性能有决定性影响的主要设计要求,还应考虑对设计结果有影响的一般性条件。

2) 评价准则应具有独立性。各项用来进行评价的目标(评价准则)彼此间应该无关,即提高某项指标价值的措施不会对另一项指标的价值产生影响。

3) 评价所采用的信息应尽可能丰富、定量化、具体化。所有评价系统都应尽可能多取一些信息,这些信息也应该是易于收集并且可以在不同方案间进行比较的;对于一些难以定量表达的问题,实践中可以用定性描述的,应尽可能用具体化表达的信息加以补充。

2. 评价指标体系的构建

综合评价指标体系是一个包含具体评价指标及其关系结构的信息系统,评价指标系统的构建包括系统元素的构造和系统结构的构造两部分。

系统元素的构造,即明确该评价指标体系是由哪些指标组成的,且各指标的概念、计算范围、计算方法、计量单位分别是什么。系统结构的构造,即明确该评价指标体系中所有指标之间的相互关系如何,层次结构怎样。如对电池产品的评价,从技术层面应选取电压、使用寿命等具体指标,从经济层面应选择成本作为评价指标,从社会层面则应选取电池中有害物质对环境带来的危害等具体指标。

对具体指标"电池使用寿命",使用寿命概念的界定(如怎样的工作状态下的使用可以被计为使用寿命阶段)、计算范围(时间节点的选取以及对应状态的定义)、计算方法以及计量单位(采用的具体计量单位,如时、分、秒以及精度等的设置)是进行具体评价工作应考虑的问题。而各个评价指标在整体指标系统的位置以及层级关系则构成了评价指标的系统结构,这种结构关系的建立一般是基于各项评价目标以及影响评价目标具体因素的。

评价指标体系可以最简单的双层结构的形式出现:第一层为总目标层,第二层为指标层。复杂一些的指标体系则在将总目标分解的基础上采用3层结构,即总目标层、子目标层、指标层。

多指标综合评价中,对于定量表达的指标,可以根据指标属性及评价表达形式之间的关系得到其评价价值。如对于定量指标"节能灯的使用寿命",2000~12000h 的范围则是该指标属性对应的物理范围,在评价时,可在此基础上,根据评价最终表达形式,如采用百分制、十分制,或者等级制,在两者之间建立对应关系,从而获得某一设计方案评价价值。对于一些很难量化表达或者无法直接量化表达的指标,在评价过程中,根据量化时具体对象的不同,可对其采用"直接量化法"或"间接量化法"。

直接量化法是将总体中各单位的某一品质标志表现直接给出一个定量的数值,比如在评价某产品外观美观性时,可以预先设置理想状态的分值(10 分或 100 分),将其视为整体,方案状态在总体中所处的位置则可通过"相对分数"直接获得,这种方法中量化值与整体分值的选取有关。

间接量化法则是先列出定性变量的所有可能取值的集合，并且将每个待评价单位在该变量上定性取值登记下来，然后再将"定性变量取值集合"中的元素进行量化，据此将每个单位的定性取值全部转化为数量。同样在评价某产品外观美观性时，可将产品美观性划分为"理想""良好""中等"和"差"4类级别，然后将每个方案归入其中的某一类型中，再采取一定的方法将等级或者类型进行量化，如"理想"取 10 分、"良好"取 8 分、"中等"取6 分、"差"取 4 分，以此完成定性指标的量化处理。

二、评价目标树

目标树方法是分析评价目标的一种手段。目标树的建立是用系统分析的方法对目标系统进行分解，并用树形结构图这种可视化的分支层次来表示项目之间的逻辑关联，这种方法可以将总目标具体化为便于定性或定量评价的基本目标。

如图 5-2 所示为拖拉机人机工程评价目标树结构图，总目标即第 1 级目标可以分解成 5个分目标，即 A 控制装置、B 显示装置、C 驾驶室及座椅、D 环境、E 主观综合评价，它们是第 2 级分目标；每个分目标又可以再进行分解，形成第 3、4 级分目标，这样综合评价的总体目标则被分解为各个具体的能用定量或者定性方法做出评价的基本目标，以便于具体评价操作。

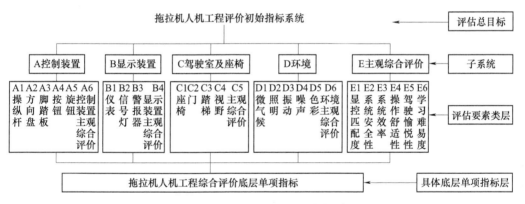

图 5-2　拖拉机人机工程评价目标树结构图

三、指标的同度量化处理

综合评价中不同评价指标反映出评价对象某一方面的特征。不同的定量指标有着不同的量纲和数据范围，这些数据与综合评价结论之间没有对应性，也无法直接将其合成得到评价结果。另外，定性和定量指标之间也可能存在量化表达形式上的差别，因此，需要对综合评价中的定量和定性指标进行同度量化处理，消除不同指标数据的量纲和数据方向，使其与综合评价结论具有直接相关性。

常见的定量指标的同度量化处理方法有：广义指数法、广义线性功效系数法、非线性函数法以及分段函数法 4 种，其中前两种是实践中应用最广泛的无量纲化方法。

1）广义指数法是通过计算相对指标来完成同度量化处理的所有方法的统称，它是单项指标实际值与标准值进行对比的结果，表现形式为一条经过原点的直线。采用该方法的关键是选择比较基数，广义指数法单项评价指标指数一般公式为

$$k_i = \begin{cases} X_i/X_{iB}（正指标，数值越大越好）\\ X_{iB}/X_i（逆指标，数值越小越好） \end{cases}$$

式中，X_i 为第 i 项指标的实际值；X_{iB} 为标准值。

有时，为了使单项评价值的物理意义更加明确，常常乘上一个常数（一般为 100）。对于适度指标，则需要采用单向化方法进行变换，再采用上述公式计算单项评价值。

2）广义线性功效系数法是在广义指数法基础上，通过设置两个标准值来确定最终评价值的方法，标准值一般取不允许值和满意值，与广义指数法相同，广义线性功效系数法也是一条有截距的直线。广义线性功效系数法单项评价指标的评价值一般公式为

$$d_i = \frac{X_i - X_{i0}}{X_{i1} - X_{i0}}$$

式中，X_i 为第 i 项指标的实际值；X_{i0} 与 X_{i1} 分别为第 i 个指标的两个关键点，一般 X_{i0} 为"不允许值"，X_{i1} 为"满意值"。

为了更好地将定性指标与定量指标数值进行综合，在对不同类型定量指标进行同度量化处理后，应根据定量指标表达形式，选择合适的定性指标量化形式，或将定性指标类型转换为与之对应的形式。

四、加权系数

在依据评价目标对具体方案进行评价时，各个评价目标的重要程度是不一样的。权数不仅体现了评价者对评价目标重要程度的认识，也体现了评价指标体系中各个评价目标评价能力的大小，即区分度的大小。在具体操作过程中，主要是通过加权系数的方法来确定各评价目标的重要程度，即加权系数是反映目标重要程度的量化系数。加权系数大，意味着重要程度高。为便于分析计算，一般取各评价目标的加权系数：

$g_i < 1$，且 $\sum g_i = 1$，其中 g_i 为第 i 项指标的权值。

$$g_i = \frac{k_i}{\sum_{i=1}^{n} k_i}$$

式中，k_i 为各评价目标的计分综合；n 为评价目标的数量。

加权系数值可由经验确定法或用判别表法计算。

经验确定法是由定权者根据直觉或者经验，直接分配给每一个评价指标以重要性程度量值的一种方法。开始分配权重时，通常采用比例的方式，然后计算比例相对数，即为比重权数。若定权问题十分简单，则可以直接一次性给出比重权数。经验确定法的优点是简便，缺点是随意性太大，仅适用于加权对象个数很少的情形。

判别表法是根据评价目标的重要程度对其两两进行比较，在根据重要程度不同进行赋值的基础上，计算各个指标的权数。在赋值过程中，如果两目标同等重要，则各给 2 分；若某一项比另一项重要则分别给 3 分和 1 分；若某一项比另一项重要得多，则分别给 4 分和 0 分。

【例 5-1】 在对某自行车设计方案进行评价时，针对选定的 5 个评价目标：价格、舒适性、寿命、维修性、外观，利用判别表法计算其加权系数。

解：由某位专家对自行车设计方案 5 个评价目标的重要性程度进行赋值，具体分值见表 5-1。

表 5-1 某自行车评价目标加权系数判别表

比较目标		价格	舒适性	寿命	维修性	外观	k_i	$g_i = k_i / \sum_{i=1}^{n} k_i$
评价目标	价格	—	3	3	4	4	14	0.35
	舒适性	1	—	2	3	4	10	0.25
	寿命	1	2	—	3	4	10	0.25
	维修性	0	1	1	—	3	5	0.125
	外观	0	0	0	1	—	1	0.025
				$\sum_{i=1}^{n} k_i = 40, \sum_{i=1}^{n} g_i = 1$				

通过计算，可以判定价格、舒适性、寿命、维修性和外观 5 个评价目标的加权系数分别为 0.35、0.25、0.25、0.125 和 0.025。

第三节 简单评价法

简单评价法即只对相关方案做定性的评价或优劣排序，不反映评价目标的重要程度和方案的理想程度。常见的简单评价法有点评法和名次计分法等。

一、点评法

点评法是由专家或决策者对各备选方案按评价目标逐项做粗略评价，如果该方案能满足某评价目标，则用"+"表示，不能满足用"-"表示，如果用于评估的信息不足，则用"?"表示。表 5-2 为决策者利用点评法对某方案进行评价的得分。

表 5-2 决策者利用点评法对某方案进行评价的得分

	A	B	C
满足功能要求	+	+	+
成本在规定范围内	-	+	+
加工装配可行	+	?	+
使用维护方便	+	-	+
满足人机学要素	-	+	+
总评	+	? 2+	5+

由表中评价信息可知，方案 A 利用点评法得分为：3 项+，2 项-，合计结果为+；方案 B 利用点评法得分为：3 项+，1 项-，1 项?，合计结果为? 2+；方案 C 利用点评法得分为：5 项+。综合比较可知方案 C 为其中最佳方案。

二、名次计分法

名次计分法是在对 n 个方案进行评价时，由一组 m 位专家按方案优劣程度对其进行排序，并给名次最高者 n 分，名次最低者 1 分，以此类推，得到 m 位专家对每个方案的评分，最后对每个方案得到的分求和，总分最高者为佳。

在评价过程中，选择多位专家对各方案做出优劣程度排序的理论基础是各专家根据经验做出的判断具有较高的一致性。多位专家评分意见的一致性程度可用一致性系数 C 表达，此系数在 0 与 1 之间，越接近 1 表示专家评分意见越一致，当意见完全一致时 $C=1$。为了确保评价结果的准确性和真实性，对评价一致性系数的范围也有一定的要求，一般要求一致性系数大于 0.7。一致性系数 C 的计算公式为

$$C = \frac{12S}{m^2(n^3 - n)}$$

式中，m 为参与评价的专家数量；n 为待评价的方案数量；S 为各方案总分的差分和。

各方案总分差分和的计算公式为

$$S = \sum x_i^2 - \frac{(\sum x_i)^2}{n}$$

式中，x_i 为第 i 个方案 n 位专家评分的总分。

表 5-3 为利用名次计分法评价几款备选方案过程中，6 位专家对 5 款备选方案评分的汇总表，名次最高者取 5 分，最低者取 1 分。

表 5-3　某计分评价过程中 6 位专家对 5 款备选方案评分汇总表

方案号	专家代号					
	A	B	C	D	E	F
01	5	5	5	4	5	5
02	4	4	4	5	4	3
03	3	2	1	3	2	4
04	2	3	3	2	3	1
05	1	1	2	1	1	2

根据表 5-3 中的数据求和计算可知，5 款备选方案 6 位专家得分总分分别为：29、24、15、14、8。

5 款方案得分总和：$\sum x_i = 90$，专家数 $m=6$，方案数 $n=5$。

根据上述公式计算得到各方案总分差分和为

$$S = \sum x_i^2 - \frac{(\sum x_i)^2}{n} = 1902 - \frac{8100}{5} = 282$$

再由相应公式计算得到该 5 款方案 6 位专家排序结果的一致性系数为

$$C = \frac{12S}{m^2(n^3 - n)} = \frac{12 \times 282}{6^2 \times (5^3 - 5)} \approx 0.783 > 0.7$$

由于一致性系数 C 大于预设值 0.7，即本次评价中 6 位专家评价结果一致性较好，据此可知本次专家排序结果具有较好的一致性。因此，根据各方案得分总数多少对其进行排序依次为：01 方案—02 方案—03 方案—04 方案—05 方案。

第四节 评 分 法

评分法，也称点数法，是用分值作为衡量方案优劣的尺度，对方案进行定量评价。如有多个评价目标则先分别对各基础目标评分，再经处理求得方案的总分。

一、评分标准及评分曲线

1. 评分标准

评分法设立的评分标准通常采用 10 分制或 5 分制。表 5-4 为 10 分制和 5 分制评价标准下各状态对应的分值。"理想状态"取最高分，5 分或者 10 分；"不能用"则取 0 分；若方案处在两者之间则根据其距两端的距离远近取中间值。

表 5-4　10 分制和 5 分制评价标准下各状态对应的分值

10 分制	分值	0	1	2	3	4	5	6	7	8	9	10
	状态	不能用	缺陷多	较差	勉强可用	可用	基本满意	良	好	很好	超目标	理想
5 分制	分值	0		1		2		3		4		5
	状态	不能用		勉强可用		可用		良好		很好		理想

2. 评分曲线

评分曲线是反映评价目标值与分值间关系的曲线，即评分函数。评分曲线绘制时通常取 3 个位置对应点的坐标值，即评价目标极限值（或允许值）0 分所在坐标点，要求值 8 分（或 4 分）所在坐标点，以及理想值 10 分（或 5 分）所在坐标点。

图 5-3 所示为某一项目的评分曲线图。在绘制过程中，当目标值为 2.5 时，是理想状态，分值为 10 分；当目标值为 4 时，是要求值，分值为 8 分；当目标值为 6 时，是允许值，分值为 0 分。根据这 3 点对应的目标值和分值，则可绘制出该方案评价时的评分函数曲线。从图中可知，若该产品的某方案目标值为 4.5 时，评分曲线上所在位置对应的分值为 6 分，据此则可计算出其他方案目标值对应的评价分值。

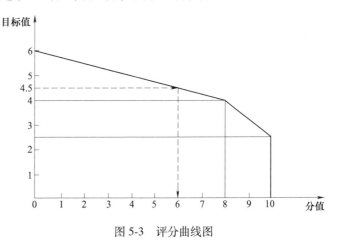

图 5-3　评分曲线图

为了减少个人主观因素及偏好对评分结果的影响，在评价过程中一般采用集体评分法。由多名评分者以评价目标为序对各方案评分，取平均值或去除最大、最小值后的平均值作为最终的分值。

二、总分计分方法

对于由多个评价目标构成的方案，其总分可采用各指标分值相加法、分值连乘法、均值法、相对值法或有效值法（加权计分法）等方法计算获得，具体计算公式和各自特点见表5-5。其中综合考虑各评价目标分值及加权系数的有效值法，作为方案的评价依据较为合理，应用最多。

表 5-5   各类总分计分方法

	方法	公式	特　点
1	分值相加法	$Q_1 = \sum\limits_{i=1}^{n} p_i$	计算简单、直观
2	分值连乘法	$Q_2 = \prod\limits_{i=1}^{n} p_i$	各方案总分值相差较大，便于比较
3	均值法	$Q_3 = \dfrac{1}{n} \sum\limits_{i=1}^{n} p_i$	计算较简单、直观
4	相对值法	$Q_4 = \dfrac{1}{n\,Q_0} \sum\limits_{i=1}^{n} p_i$	$Q_4<1$，Q_0 为理想方案分值，利用该法能看出与理想方案的差距
5	有效值法	$N = \sum\limits_{i=1}^{n} p_i g_i$	总分（有效值）中考虑到各评价目标的重要程度

注：表中，Q 为方案总分值；N 为有效值；n 为评价目标数；p_i 为各评价目标评分值；g_i 为各评价目标的加权系数；Q_0 为理想方案总分值。

三、有效值法具体评价过程

1）确定评价目标：$U = (u_1, u_2, \cdots, u_n)$。

2）确定各评价目标的加权系数 $g_i<1$，$\sum g_i =1$，用矩阵表示为

$$G = (g_1, g_2, \cdots, g_n)$$

3）确定评分制式（10分制或5分制），列出评分标准或求出有关评分曲线。

4）用线性差分，获取评分值。

对各评价目标评分，若有 n 个评价目标，m 个方案，可得到评分矩阵为

$$P = \begin{pmatrix} P_1 \\ P_2 \\ M \\ P_J \\ M \\ P_M \end{pmatrix} = \begin{pmatrix} P_{11} & P_{12} & \cdots & P_{1n} \\ P_{21} & P_{22} & \cdots & P_{2n} \\ M & M & \cdots & M \\ P_{j1} & P_{j2} & \cdots & P_{jn} \\ M & M & \cdots & M \\ P_{m1} & P_{m2} & \cdots & P_{mn} \end{pmatrix}$$

5）计算各方案有效值。

m 个方案的有效值矩阵为

$$N = GP^{\mathrm{T}} = (N_1, N_2, \cdots, N_j, \cdots, N_n)$$

式中，第 j 个方案有效值为

$$N_j = GP_j^{\mathrm{T}} = g_1 p_{j1} + g_2 p_{j2} + \cdots + g_n p_{jn}$$

6）比较各方案的有效值，大者为佳，选出最佳方案。

【例 5-2】 有 A、B、C 共 3 款电池，其主要性能及成本参数见表 5-6，在评价过程中，希望电池寿命较高，试根据这一原则选出较适合的电池。

表 5-6　3 款电池的主要性能及成本参数

评价目标		成本/元	电压/V	寿命/h
理想值		1.6	9.1	120
要求值		2.0	8.9	100
极限值		4.0	8.5	80
实际值	A	2.5	9.0	104
	B	2.2	8.6	110
	C	1.6	8.9	90
加权系数		0.2	0.3	0.5

解：①分析评价目标及加权系数，用目标树表达，电池的评价目标树如图 5-4 所示。

② 评分。按 10 分制对各电池评分。

由各评价目标的理想值、要求值和极限值绘出评分曲线，具体曲线如图 5-5 所示。图 5-5a、b、c 分别为电池评价中成本、电压、寿命评分曲线图。根据 A、B、C 这 3 种方案在成本、电压、寿命等方面对应的参数，利用评分曲线可求出各方案对应的分值，具体分值数据见表 5-7。

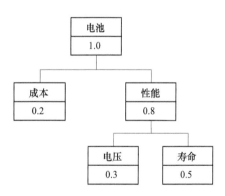

图 5-4　电池的评价目标树

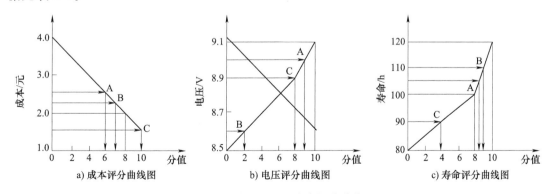

a) 成本评分曲线图　　b) 电压评分曲线图　　c) 寿命评分曲线图

图 5-5　成本、电压、寿命评分曲线图

③ 计分。对各方案分别用分值相加法、分值连乘法及有效值法进行总分计分。有效值计算如下。

评价目标：$\boldsymbol{u} = ($ 成本　电压　寿命 $)$

表 5-7　3 款电池成本、电压、寿命评分表

评价目标		成本	电压	寿命	总计计分		
加权系数		0.2	0.3	0.5	分值相加法	分值连乘法	有效值法
方案评价	A	6	9	8.5	23.5	459	8.15
	B	7	2	9	18	126	6.5
	C	10	8	4	22	320	6.4

加权系数矩阵为 $\qquad \boldsymbol{G} = (0.2 \quad 0.3 \quad 0.5)$

评分矩阵为 $\qquad \boldsymbol{P} = \begin{pmatrix} P_A \\ P_B \\ P_C \end{pmatrix} = \begin{pmatrix} 6 & 9 & 8.5 \\ 7 & 2 & 9 \\ 10 & 8 & 4 \end{pmatrix}$

有效值矩阵为

$$\boldsymbol{N} = (N_A \quad N_B \quad N_C) = \boldsymbol{GP}^T = [8.15 \quad 6.5 \quad 6.4]$$

式中，$N_A = \boldsymbol{GP}_A^T = 0.2 \times 6 + 0.3 \times 9 + 0.5 \times 8.5 = 8.15$；

$\qquad N_B = \boldsymbol{GP}_B^T = 0.2 \times 7 + 0.3 \times 2 + 0.5 \times 9 = 6.5$；

$\qquad N_C = \boldsymbol{GP}_C^T = 0.2 \times 10 + 0.3 \times 8 + 0.5 \times 4 = 6.4$。

④ 结论。分析比较 3 种总分计分方法计算得到的结果，方案 A 总分及有效值都最高（8.15 分），为 3 款电池中的最佳方案，但其成本较高，不够理想，因此后期应设法降低其成本。

第五节　技术经济评价法

技术经济评价也被称为技术经济分析，指运用技术经济学相关理论方法，对各种投资建设项目、技术改造方案、设备选型等技术的经济效果进行定量计算、定性分析、定量与定性综合评价和对比，优选出技术上先进、经济上可行、环境与社会能够相容的最佳方案的过程，为科学决策提供有效的依据。技术经济评价偏重于对技术经济方面的定量化计算分析，最终综合评价比较各项目方案效益的高低，具有决策预测性、系统性、综合性、实践性、选择性等特点。

技术经济评价法是将评价对象（设计方案）分为两个评价因素（评价目标或评价标准）：技术因素和经济因素，分别求出技术价和经济价，然后按一定方式进行综合，求出总价值，方案中总价值最高者优胜。技术经济评价法评价的依据是相对价，即相对于理想状态的相对值。其中包括方案的技术价和经济价，同时还考虑到各评价目标的加权系数。技术价、经济价都是对于理想状态的相对值，对其进行分析既有利于决策的判断，又利于有针对性地采取改进措施。技术经济评价法被定为德国工程师协会规范 VDI 2225。

一、技术评价

技术评价是围绕着"功能"所进行的评价，评价的主要内容是以用户要求的必要功能

为依据，一般以实现功能的条件为评价目标，如功能的实现程度（性能、质量、寿命等）、可靠性、维修性、安全性、操作性、整个系统的协调、与环境条件的协调等。技术价值是新产品的功能评价相对于理想产品能达到的程度。技术评价的关系式为

$$W_t = \frac{\sum\limits_{i=1}^{n} p_i g_i}{p_{max} \sum\limits_{i=1}^{n} g_i} = \frac{\sum\limits_{i=1}^{n} p_i g_i}{p_{max}}$$

式中，p_i 为各技术评价指标的评分值；g_i 为各技术评价指标的加权系数，取 $\sum\limits_{i=1}^{n} g_i = 1$；$p_{max}$ 为最高分值（10 分制取 10 分，5 分制取 5 分）。

由上述公式可知，技术价评分值 $W_t \leqslant 1$，数值越大表示方案的技术性能越好。理想方案的技术价为 1。一般来说，$W_t < 0.6$ 表示方案在技术上不合格，必须改进。

二、经济评价

在进行经济评价时，"经济"观念只局限在产品生产成本上，经济评价通过求方案的经济价 W_w 进行。经济价是理想生产成本与实际生产成本的比值。

$$W_w = \frac{H_1}{H} = \frac{0.7 H_2}{H}$$

式中，H 为实际生产成本；H_1 为理想生产成本，一般情况下，$H_1 \approx 0.7 H_2$，H_2 为允许生产成本。

经济价 W_w 的值越大，经济效果越好。$W_w = 1$ 为理想状态，表示实际生产成本等于理想成本；$W_w \leqslant 0.7$ 意味着实际生产成本高于允许生产成本，在经济上不合格。

三、技术经济综合评价

评价过程中，常在利用计算法（相对价）或作图法（优度图）求得技术价和经济价的基础上进行技术经济综合评价。

1. 相对价

相对价的计算一般可以采用均值法或双曲线法。

采用均值法计算相对价的公式为

$$W = \frac{1}{2}(W_t + W_w)$$

采用双曲线法计算相对价的公式为

$$W = \sqrt{W_t W_w}$$

相对价 W 值大，方案的技术经济综合性能则好，一般应取 $W \geqslant 0.65$。具体操作过程中，当 W_t、W_w 中有一项数值较小时，采用双曲线法能使 W 明显出现小值，更便于方案的评价与决策。

2. 优度图

优度图也称 S 图，在技术价 W_t 与经济价 W_w 构成的平面坐标系中，每个方案的技术价

W_{ti} 与经济价 W_{wi} 值对应的点 S_i 的位置反映了该方案的优良程度，即优度，优度表达如图 5-6 所示。在坐标系中 $W_t = 1$、$W_w = 1$ 的点 S^* 为理想优度，是技术经济综合指标的理想值。0 和 S^* 连线称为"开发线"，线上各点 $W_t = W_w$。S_i 点离开发线越近，表示技术经济综合指标高，S_i 点离开发线远，说明技术价或经济价中必有一项较低，用优度图可形象地看出方案的技术经济综合性能，且便于提出改进方向。

【例 5-3】 某产品有 3 款方案，进行技术评价的技术价分别为 $W_{t1} = 0.5$，$W_{t2} = 0.39$，$W_{t3} = 0.77$。进行经济评价的经济价分别为 $W_{w1} = 0.75$，$W_{w2} = 0.8$，$W_{w3} = 0.46$。试进行技术经济综合评价。

解：采用双曲线法计算 3 款方案的相对价 W 分别为

$$W_1 = \sqrt{W_{t1}W_{w1}} = \sqrt{0.5 \times 0.75} = 0.61$$

$$W_2 = \sqrt{W_{t2}W_{w2}} = \sqrt{0.39 \times 0.8} = 0.56$$

$$W_3 = \sqrt{W_{t3}W_{w1}} = \sqrt{0.77 \times 0.46} = 0.60$$

相对价 W 值大，方案的技术经济综合性能则好，一般应取 $W \geq 0.65$，本例中 3 款方案的相对价 0.61、0.56、0.60 均小于 0.65。

根据 3 款方案技术价及经济价在优度图中绘出它们所在位置，具体如图 5-7 所示。

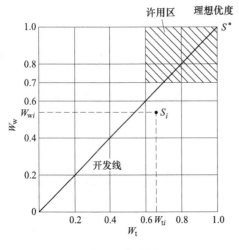

图 5-6 优度图

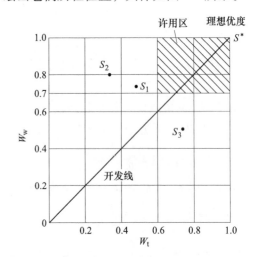

图 5-7 某产品 3 款方案优度图

结论：由于 3 款方案的相对价均小于 0.65，因此它们都未满足要求。从图 5-7 优度图中 3 款方案的分布位置可以看出，方案 1、2 技术价较低，应提高性能指标，而方案 3 经济价较低，需进一步降低成本。据此，在完成 3 款方案价值评价的基础上，还找出了它们各自存在的问题及后期改进的方向。

对于相对评价值相差不多而又都比较好的方案，可以利用图 5-8 所示的价值剖面图的图解方法，通过寻找设计方案的薄弱环节来进行比较并指明改进设计的方向。

图 5-8 中横坐标代表各项性能参量的评价值，纵坐标代表各项评价目标的重要度系数（即加权系数），这样每个方块的面积就对应一项性能参量的加权评价值，画上阴影的整个面积就是该方案的总加权评价值。

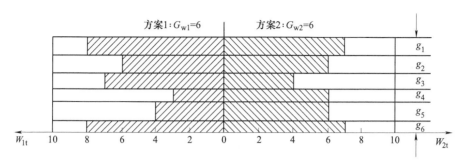

图 5-8 价值剖面图

一个较好的方案不仅要求总评价值大，而且在技术上应力求均衡，不应有较显著的薄弱环节。特别是在总评价值中所占比重较大的那些性能参量，应更加注意。反映在价值剖面图中就要求每个方块，特别是宽度较大方块的长度应尽可能接近平均值。

在图 5-8 的示例中，方案 1 和方案 2 的总加权评价值是相等的，但从图中可以明显看出，方案 2 各项性能参量的评价值接近于平均值，没有显著的薄弱环节，因此要比方案 1 好。同时，通过价值剖面图还能发现，方案 2 的第 3 项性能参量的评价值小于平均值，应加以改进，以使该方案在技术层面更加均衡。

第六节　模糊综合评价法

一、模糊的概念

在设计方案评价中，有一些评价目标如美观性、安全性、舒适度、便于加工性等，无法定量分析，只能用好、差、受欢迎等模糊概念来评价。模糊评价就是借助模糊数学的一些概念，将模糊信息数值化，实现对综合评价模糊问题方便地进行定量评价的方法。具体来说，模糊评价就是以模糊数学为基础，应用模糊关系合成的原理，将一些边界不清、不易定量的目标定量化，从多个目标对被评价事物隶属等级状况进行综合性评价的一种方法。

模糊综合评价的基本原理是首先确定被评价对象的评价目标集和评语（等级）集，再分别确定各个目标的权重及它们的隶属度向量，获得模糊评判矩阵，最后把模糊评判矩阵与目标的权向量进行模糊运算并进行归一化，得到模糊综合评价结果。模糊综合评价的特点在于评判逐一进行，对被评价对象有唯一的评价值，不受被评价对象所处对象集合的影响，且评价结果不是绝对地肯定或否定，而是以一个模糊集合来表示。若是分类评价，则采用某一原则进行模糊类别识别；若是排序评价，即从对象集中选出优胜对象，则可以采取一定方法将评价结果转换为可排序的形式进行综合评价排序。

二、隶属度

在模糊数学中，把隶属于或者从属于某个事物的程度叫作隶属度。对某些评价概念（如优、良、差）隶属的高低称为隶属度。用 0~1 之间的一个实数 I 来度量。不同条件下隶属度的变化规律可用函数来表示，称为隶属函数。因此，隶属度可采用统计法或通过已知隶属函数求得。

1. 统计法求隶属度

该方法通过对一定数量的对象进行调查并基于统计结果获得隶属度。如评价某款自行车的外观，可通过对一定数量用户进行调查，调查结果若30%认为"很好"，55%认为"好"，13%认为"不太好"，2%认为"不好"，由此得到该自行车外观4种评价概念的隶属度分别为0.30、0.55、0.13和0.02。

2. 由隶属函数求隶属度

各种评价目标都可经统计得到相应的隶属函数，模糊数学的有关资料中总结出十几种典型的隶属函数，可根据评价对象选择合适的隶属函数，从而得到特定条件下的隶属度。

【例5-4】 对4种带传动方案以寿命为评价目标进行评价，寿命评价值采用直线形隶属函数，具体函数图如图5-9所示。其中方案A-05的寿命为6564.50h，方案A-13寿命为11460.82h，方案A-17寿命为8200.93h，方案B-07寿命为15709.22h。

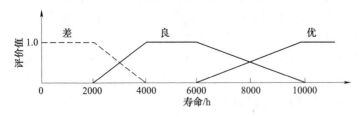

图5-9 直线形隶属函数

解：图5-9的寿命评价隶属函数表达式如下。

$$\text{优：}\begin{cases} L_h < 6000 & \mu_{L_h} = 0 \\ 6000 \leq L_h \leq 10000 & \mu_{L_h} = \dfrac{L_h - 6000}{4000} \\ L_h > 10000 & \mu_{L_h} = 1 \end{cases}$$

$$\text{良：}\begin{cases} L_h < 2000 & \mu_{L_h} = 0 \\ 2000 \leq L_h \leq 4000 & \mu_{L_h} = \dfrac{L_h - 2000}{2000} \\ 4000 \leq L_h \leq 6000 & \mu_{L_h} = 1 \\ 6000 \leq L_h \leq 10000 & \mu_{L_h} = \dfrac{10000 - L_h}{4000} \\ L_h > 10000 & \mu_{L_h} = 0 \end{cases}$$

$$\text{差：}\begin{cases} L_h > 4000 & \mu_{L_h} = 0 \\ 2000 \leq L_h \leq 4000 & \mu_{L_h} = \dfrac{4000 - L_h}{2000} \\ L_h < 2000 & \mu_{L_h} = 1 \end{cases}$$

将各方案寿命值带入以上隶属度函数，可计算得到各方案隶属度值，具体数值见表5-8。

表 5-8　带传动 4 种方案的寿命隶属度值

方案	寿命/h	优	良	差
A-05	6564.50	0.141	0.859	0
A-13	11460.82	1	0	0
A-17	8200.93	0.55	0.45	0
B-07	15709.22	1	0	0

三、模糊综合评价步骤

模糊综合评价主要有以下几个步骤。

1. 确定评价对象的目标集

$$U = \{u_1, u_2, \cdots, u_m\}$$

该目标集有 m 个评价指标，表明我们对被评价对象可以从哪些方面来进行评判描述。比如前述例子中评价几款电池时，具体评价指标包括成本、寿命和电压。而评价某款设备设计方案时，则选取了满足功能要求、成本在规定范围内、加工装配、使用维护方便以及满足人机学要求等 5 项评价目标。只有科学合理的评价指标体系，才有可能得出科学公正的综合评价结论。在确立评价目标集时应从齐备性、协调性、可行性、准确性、区分度、冗余度等方面筛选和构建。

2. 确定评语集

评语集是评价者对被评价对象可能做出的各种总的评价结果组成的集合，用 V 表示。

$$V = \{v_1, v_2, \cdots, v_n\}$$

实际上评语集就是对被评价对象变化区间的一个划分。其中 v_i 代表第 i 个评价结果，n 为总的评价结果数。确定评语等级论域主要解决的是划分多少个等级以及如何设置这些等级的问题。具体等级可以依据评价内容用适当的语言进行描述，比如评价产品的竞争力可用 $V = \{$强、中、弱$\}$，评价地区的社会经济发展水平可用 $V = \{$高、较高、一般、较低、低$\}$，评价经济效益可用 $V = \{$好、较好、一般、较差、差$\}$ 等。心理学研究成果表明，人的最佳区分能力是 6 个等级左右，最高是 9 个等级。因此在设置时，一般认为模糊评价的评语等级数以 5~7 个为宜。等级划分越细，则单项指标对评价对象的区分能力越强，从而模糊排序结论越精确。具体等级设置时，可以是对称的（好、较好、一般、较差、差），也可以是非对称的（优、良、中、差），其中等级对称是最理想的。

3. 进行单目标因素评价，建立模糊关系矩阵 R

单独从一个目标出发进行评价，以确定评价对象对评价集合 V 的隶属程度，称为单目标模糊评价。在构造了等级模糊子集后，就要逐个对被评价对象从每个目标 $u_i (i = 1, 2, \cdots, m)$ 上进行量化，也就是确定从单目标来看被评价对象对各等级模糊子集的隶属度，进而得到模糊关系矩阵为

$$R = \begin{pmatrix} r_{11} & r_{12} & \cdots & r_{1n} \\ r_{21} & r_{22} & \cdots & r_{2n} \\ \vdots & \vdots & \ddots & \vdots \\ r_{m1} & r_{m2} & \cdots & r_{mn} \end{pmatrix}$$

其中 $r_{ij}(i=1,2,\cdots,m; j=1,2,\cdots,n)$ 表示某个被评价对象从目标来看对 u_i、v_j 等级模糊子集的隶属度。一个被评价对象在某个目标方面的表现是通过模糊向量 $\boldsymbol{r}_i = (r_{i1}, r_{i2}, \cdots, r_{in})$ 来刻画的（$\boldsymbol{r}_i$ 在其他评价方法中多是由一个指标实际值来刻画的，因此从这个角度讲，模糊综合评价要求有更多的信息），称为单目标评价矩阵，可以看作是目标集 U 和评价集 V 之间的一种模糊关系，即影响目标与评价对象之间的"合理关系"。

在确定隶属关系时，通常是由专家或与评价问题相关的专业人员依据评判等级对评价对象进行打分，然后统计打分结果，再根据绝对值减数法求得，即

$$r_{ij} = \begin{cases} 1, & (i = j) \\ 1 - c \sum_{k=1} |x_{ik} - x_{jk}|, & (i \neq j) \end{cases}$$

式中，c 可以适当选取，使得 $0 \leqslant r_{ij} \leqslant 1$。

4. 确定评价目标的模糊权向量

为了反映各目标的重要程度，对各目标 U 应分配一个相应的权数 $a_i(i=1,2,\cdots,m)$，通常要求满足 $a_i > 0$，$\sum a_i = 1$。a_i 表示第 i 个目标的权重，再由各权重组成的一个模糊集合 $\boldsymbol{A}$ 就是权重集。

在进行模糊综合评价时，权重对最终的评价结果会产生很大的影响，不同的权重有时会得到完全不同的评价结论。权重选择的合适与否直接关系到模型的成败。确定权重的方法有层次分析法、Delphi 法、加权平均法、专家估计法等。

5. 多目标模糊评价

利用合适的合成算子将 $\boldsymbol{A}$ 与模糊关系矩阵 $\boldsymbol{R}$ 合成得到各被评价对象的模糊综合评价结果向量 $\boldsymbol{B}$。$\boldsymbol{R}$ 中不同的行反映了某个被评价对象从不同的单目标来看对各等级模糊子集的隶属程度。用模糊权向量 $\boldsymbol{A}$ 将不同的行进行综合就可以得到该被评价对象从总体上来看对各等级模糊子集的隶属程度，即得到模糊综合评价结果向量 $\boldsymbol{B}$。

模糊综合评价的模型为

$$\boldsymbol{B} = \boldsymbol{A} \circ \boldsymbol{R} = (a_1, a_2, \cdots, a_m) \begin{pmatrix} r_{11} & r_{12} & \cdots & r_{1n} \\ r_{21} & r_{22} & \cdots & r_{2n} \\ \vdots & \vdots & \ddots & \vdots \\ r_{m1} & r_{m2} & \cdots & r_{mn} \end{pmatrix} = (b_1, b_2, \cdots, b_j, \cdots, b_n)$$

式中，b_j 是由 $\boldsymbol{A}$ 与 $\boldsymbol{R}$ 的第 j 列运算得到的，表示被评价对象从整体上看对 $b_j(j=1,2,\cdots,n)$ 等级模糊子集的隶属程度。

常用的模糊合成算子有以下 4 种。

（1）M（$\wedge$，$\vee$）算子

$$S_k = \vee_{j=1}^{m}(\mu_j \wedge r_{jk}) = \max_{1 \leqslant j \leqslant m}\{\min(\mu_j, r_{jk})\}, k = 1, 2, \cdots, n$$

$$(0.3 \quad 0.3 \quad 0.4) \begin{pmatrix} 0.5 & 0.3 & 0.2 & 0 \\ 0.3 & 0.4 & 0.2 & 0.1 \\ 0.2 & 0.2 & 0.3 & 0.2 \end{pmatrix} = (0.3 \quad 0.3 \quad 0.3 \quad 0.2)$$

（2）M（$\cdot$，$\vee$）算子

$$S_k = \vee_{j=1}^{m}(\mu_j \cdot r_{jk}) = \max_{1 \leqslant j \leqslant m}\{\mu_j \cdot r_{jk}\}, \quad k = 1, 2, \cdots, n$$

$$(0.3 \quad 0.3 \quad 0.4)\begin{pmatrix} 0.5 & 0.3 & 0.2 & 0 \\ 0.3 & 0.4 & 0.2 & 0.1 \\ 0.2 & 0.2 & 0.3 & 0.2 \end{pmatrix} = (0.15 \quad 0.12 \quad 0.12 \quad 0.08)$$

（3）M（∧，⊕）算子

$$S_k = \min\left\{1, \sum_{j=1}^{m} \min(\mu_j, r_{jk})\right\}, \quad k = 1, 2, \cdots, n$$

$$(0.3 \quad 0.3 \quad 0.4)\begin{pmatrix} 0.5 & 0.3 & 0.2 & 0 \\ 0.3 & 0.4 & 0.2 & 0.1 \\ 0.2 & 0.2 & 0.3 & 0.2 \end{pmatrix} = (0.8 \quad 0.8 \quad 0.7 \quad 0.3)$$

（4）M（·，⊕）算子

$$S_k = \min\left\{1, \sum_{j=1}^{m} \mu_j r_{jk}\right\}, \quad k = 1, 2, \cdots, n$$

$$(0.3 \quad 0.3 \quad 0.4)\begin{pmatrix} 0.5 & 0.3 & 0.2 & 0 \\ 0.3 & 0.4 & 0.2 & 0.1 \\ 0.2 & 0.2 & 0.3 & 0.2 \end{pmatrix} = (0.8 \quad 0.8 \quad 0.7 \quad 0.3)$$

上述4种模糊合成算子的特点见表5-9。

表5-9 4种模糊合成算子的特点比较

特点	算子			
	M（∧，∨）	M（·，∨）	M（∧，⊕）	M（·，⊕）
体现权数作用	不明显	明显	不明显	明显
综合程度	弱	弱	强	强
利用 R 的信息	不充分	不充分	比较充分	充分
类型	主因素突出型	主因素突出型	加权平均型	加权平均型

四、评价结果分析

模糊综合评价的结果是被评价对象对各等级模糊子集的隶属度，它一般是一个模糊向量，而不是一个点值，因而该评价方法能提供的信息比其他方法更丰富。对多个评价对象比较并排序，就需要进一步处理，即计算每个评价对象的综合分值，按大小排序，按序择优。将综合评价结果 B 转换为综合分值，即可依其大小进行排序，从而挑选出最优者。

处理模糊综合评价向量常用以下两种方法。

1. 最大隶属度原则

若模糊综合评价结果向量 $\boldsymbol{B} = (b_1, b_2, \cdots, b_n)$ 中的 $b_r = \max\limits_{1 \leqslant j \leqslant n}(b_j)$，则被评价对象总体上来讲隶属于第 r 等级，即为最大隶属度原则。最大隶属度原则实际上就是"众数原则"，但它在某些情况下使用会显得很牵强，因为它容易忽略那些隶属于"非众数组"的指标对综合评价结论的影响，这显然也与多指标综合评价的"全面性"原则相背离。同时由于损失信息较多，还可能出现不合理的评价结果，因此，在操作中可通过加权平均的方法对其进行改进。

加权平均就是将等级看作一种相对位置，使其连续化。为了能定量处理，可用"1，2，3，…，m"表示各等级，并称其为各等级的秩。然后用 $\boldsymbol{B}$ 中对应分量将各等级的秩加权求

和，从而得到被评价对象的相对位置，其表达方式为

$$A = \frac{\sum_{j=1}^{n} b_j^k j}{\sum_{j=1}^{n} b_j^k}$$

式中，k 为待定系数（$k=1$ 或 2），目的是控制较大的 b_j 所引起的作用。当 $k\to\infty$ 时加权平均原则就是最大隶属度原则。

2. 排序原则

方案优劣排序时，同级中隶属度高者为先。但应注意应以本级及更高级隶属度之和为准进行比较。

模糊综合评价法的优点在于：一是模糊评价通过精确的数字手段处理模糊的评价对象，能对蕴藏信息呈现模糊性的资料做出比较科学、合理、贴近实际的量化评价；二是评价结果是一个向量，而不是一个点值，包含的信息比较丰富，既可以比较准确地刻画被评价对象，又可以进一步加工，得到参考信息。

模糊综合评价法的缺点在于：一是计算复杂，对指标权重向量的确定主观性较强；二是当指标集 U 较大，即指标集个数较大时，在权向量和为 1 的条件约束下，相对隶属度权系数往往偏小，权向量与模糊矩阵 $\boldsymbol{R}$ 不匹配，结果会出现超模糊现象，分辨率很差，无法区分谁的隶属度更高，甚至造成评判失败，此时可用分层模糊评估法加以改进。

五、评价举例

1. 单评价目标的模糊评价

如前述对自行车方案的评价，此处单评价目标为自行车的外观，评价评语集为：很好、好、不太好和不好 4 项。通过调查，获得自行车方案具体评价目标——外观指标项 4 项评语的隶属度分别为：0.30、0.55、0.13 和 0.02。

2. 多评价目标的模糊评价

【例 5-5】 在普通 V 带传动结构多方案设计评价活动中，具体评价目标值及加权系数见表 5-10，试通过模糊综合评价对各方案进行优、良、差等级的分类评价。

解： 利用模糊综合评价方法对这 4 种方案进行分类评价，其中

评价目标集：$Y = \{$寿命、小带轮包角、功率过剩率、带根数、压轴力$\}$。

表 5-10 普通 V 带传动评价目标值及加权系数

	寿命/h	小带轮包角/(°)	功率过剩率	带根数	压轴力/N
A-05	6564.50	157.38	0.079	4	1084.94
A-13	11460.82	151.55	0.167	3	898.499
A-17	8200.93	151.55	0.115	2	729.026
B-07	15709.22	160.83	0.177	1	581.717
q_i	0.375	0.25	0.125	0.125	0.125

评价集：$X = \{$优、良、差$\}$。

加权系数：$\boldsymbol{Q} = (0.375、0.25、0.125、0.125、0.125)$。

现采用直线形隶属函数，如图 5-10 所示。

4 种方案的模糊评价矩阵为

$$R_1 = \begin{pmatrix} 0.141 & 0.859 & 0 \\ 0.869 & 0.131 & 0 \\ 0.71 & 0.29 & 0 \\ 1 & 0 & 0 \\ 0 & 1 & 0 \end{pmatrix} \qquad R_2 = \begin{pmatrix} 1 & 0 & 0 \\ 0.577 & 0.423 & 0 \\ 0 & 1 & 0 \\ 1 & 0 & 0 \\ 0.254 & 0.746 & 0 \end{pmatrix}$$

$$R_3 = \begin{pmatrix} 0.55 & 0.45 & 0 \\ 0.577 & 0.423 & 0 \\ 0.35 & 0.65 & 0 \\ 0 & 1 & 0 \\ 0.677 & 0.323 & 0 \end{pmatrix} \qquad R_4 = \begin{pmatrix} 1 & 0 & 0 \\ 1 & 0 & 0 \\ 0 & 1 & 0 \\ 0 & 0.5 & 0.5 \\ 1 & 0 & 0 \end{pmatrix}$$

考虑加权系数的综合模糊评价，则 $B = Q \circ R = (b_1, b_2, b_3)$。

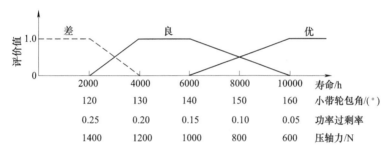

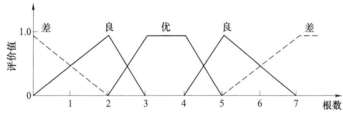

图 5-10 普通 V 带传动结构各评价目标直线形隶属函数

采用模糊矩阵合成中常用的取小取大运算和乘加运算对其进行计算，得到综合评价结果，具体数据见表 5-11。

表 5-11 普通 V 带传动 4 种方案综合模糊评价结果

	采用取小（∧）取大（∨）运算				采用乘加（·，+）运算			
	A-05	A-13	A-17	B-07	A-05	A-13	A-17	B-07
优	0.25 (0.40)	0.375 (0.60)	0.375 (0.50)	0.375 (0.60)	0.484	0.604	0.479	0.750
良	0.375 (0.60)	0.25 (0.40)	0.375 (0.50)	0.125 (0.20)	0.516	0.396	0.521	0.187
差	0.000	0.000	0.000	0.125 (0.20)	0.000	0.000	0.000	0.063

由表知：若采用取小（∧）取大（∨）运算，4 种方案的排序为 B-07>A-13>A-17>A-05；采用乘加（·，+）运算，排序为 B-07>A-13>A-05>A-17。

在上述 4 种带传动方案中，有些评价目标量纲不一致，不能用定量方法直接比较，可将其转换成优劣程度进行比较（表 5-12），即进行无量纲化处理后进行比较。

表 5-12　4 种带传动方案各评价目标的无量纲化处理数据

	A-05	A-13	A-17	B-07
V 带寿命 L_h	6564.5	11460.8	8200.9	15709.2
$D_{L_h} = \dfrac{L_h - L_{hmin}}{L_{hmax} - L_{hmin}}$	0.0000	0.535	0.1789	1.000
小带轮包角 α	157.38	151.55	151.55	160.83
$D_\alpha = \dfrac{\alpha - \alpha_{min}}{\alpha_{max} - \alpha_{min}}$	0.6282	0.000	0.000	1.000
功率过剩率 ΔP	0.079	0.167	0.115	0.177
$\Delta P = \dfrac{\Delta P_{max} - \Delta P}{\Delta P_{max} - \Delta P_{min}}$	1.000	0.102	0.633	0.000
带根数 Z	4	3	2	1
$D_Z = \dfrac{Z - Z_{min}}{Z_{max} - Z_{min}}$	1.000	1.000	0.500	0.000
压轴力 Q	1084.9	898.5	729	581.7
$D_Q = \dfrac{Q_{max} - Q}{Q_{max} - Q_{min}}$	0.000	0.370	0.727	1.000

按下式计算各方案的优劣程度

$$Y = \sum_{i=1}^{n} q_i D_i$$

通过上式计算可得各方案模糊综合评价量化值，具体量值及优劣名次见表 5-13。这样 4 种方案基于模糊综合评价的评价结果为方案 B-07 最优，其次分别为 A-05、A-13、A-17。通过对模糊综合评价中采用取大取小算法、乘加算法得到的评价结果，以及先进行无量纲化处理再合成得到的结果进行比对，方案 B-07 均是最优方案，则可认为在这 4 种方案中，方案 B-07 是该 V 带传动机构中的最优解。

表 5-13　4 种带传动方案的优劣名次

	A-05	A-13	A-17	B-07
Y	0.407	0.385	0.300	0.750
优劣名次（1 最优）	2	3	4	1

第七节　其他综合评价方法

一、TOPSIS 法

TOPSIS（Technique for Order Preference by Similarity to Ideal Solution），即逼近理想解技

术，它是基于归一化后的原始数据矩阵，找出有限方案中的最优方案和最劣方案（分别用最优向量和最劣向量表示），然后分别计算各评价对象同最优方案和最劣方案的距离，获得各评价对象与最优方案的相对接近度，以此作为评价优劣的依据。因此对该方法的应用，距离的计算是基础。

采用相对接近度。设决策问题有 m 个目标 $f_j(j=1,2,\cdots,m)$，n 个可行解 $\mathbf{Z}_i=(Z_{i1},Z_{i2},\cdots,Z_{im})(i=1,2,\cdots,n)$；并设该问题的规范化加权目标的理想解是 Z^*，其中

$$\mathbf{Z}^+=(Z_1^+,Z_2^+,\cdots,Z_m^+)$$

那么用欧几里得范数作为距离的测度，则从任意可行解 Z_i 到 Z^+ 的距离为

$$S_i^+=\sqrt{\sum_{j=1}^{m}(Z_{ij}-Z_j^+)^2}\quad i=1,\cdots,n$$

式中，Z_{ij} 为第 j 个目标对第 i 个方案的规范化加权值。

同理，设 $\mathbf{Z}^-=(Z_1^-,Z_2^-,\cdots,Z_m^-)^{\mathrm{T}}$ 为问题的规范化加权目标的负理想解，则任意可行解 Z_i 到负理想解 Z^- 之间的距离为

$$S_i^-=\sqrt{\sum_{j=1}^{m}(Z_{ij}-Z_j^-)^2}\quad i=1,\cdots,n$$

那么，某一可行解对于理想解的相对接近度定义为

$$C_i=\frac{S_i^-}{S_i^-+S_i^+}\quad 0\leqslant C_i\leqslant 1,i=1,\cdots,n$$

于是，若 Z_i 是理想解，则相应的 $C_i=1$；若 Z_i 是负理想解，则相应的 $C_i=0$。Z_i 越靠近理想解，C_i 越接近 1；反之，Z_i 越接近负理想解，C_i 越接近 0。那么，据此可以对 C_i 进行排队，以找出满意解。

TOPSIS 法作为一种新颖的多准则方法，可以对多个互有冲突、不可共度的属性或目标进行利弊权衡、决策制定以及方案排序，因此在结合数理方法进行评估的方式中，多采用该方法和其他方法结合进行。

二、灰色评价方法

灰色系统理论是邓聚龙教授在 1982 年提出的一种研究少数据、贫信息不确定性问题的新方法。该理论主要通过对"部分"已知信息的挖掘，提取有价值的信息，实现对系统运行行为、演化规律的正确描述和有效监控。

1. 灰数

灰数是指只知道取值范围，不知其确切值，即在某一个范围内取不确定的数。通常用记号"⊕"表示灰数。灰数有以下几类。

1）仅有下限的灰数 $\oplus \in [a,+\infty)$。

2）仅有上限的灰数 $\oplus \in (-\infty,a]$。

3）区间灰数 $\oplus \in [a,b]$。

4）连续灰数或离散灰数，如身高、体重、年龄等的分布状态。

5）黑数 $\oplus \in (-\infty,+\infty)$，完全不确定。

6）白数 $\oplus = a$，完全确定。

灰色评价方法是一种可以有效解决评价指标难量化、难统计问题的方法，受主观因素影响较小，同时计算过程简单，可以用原始数据进行直接计算，只要有代表性的少量样本就能进行计算。

2. 灰色聚类评价模型

灰色聚类是根据灰色关联矩阵或灰数的白化权函数将一些观测指标或观测对象聚集成若干个可以定义类别的方法。按聚类对象划分，可以分为灰色关联聚类（同类因素的归并）和灰色白化权函数聚类（检测观测对象属于何类）。

1）灰色关联聚类可以检查是否存在若干因素大体属于一类，使这一类的综合平均指标或其中的具有代表性的因素来代表这一类因素，而使信息不受严重损失。灰色关联聚类的基本思路：一是采用灰色关联度抽象分析对象（指标、因素、概念等）之间的相关性；二是构造关联度矩阵；三是选择适当的阈值划分抽象对象类别。

设有 n 个观测对象，每个观测对象有 m 个特征数据，得到序列如下。

$$X_1 = (x_1(1), x_1(2), \cdots, x_1(n))$$
$$X_2 = (x_2(1), x_2(2), \cdots, x_2(n))$$
$$\vdots$$
$$X_m = (x_m(1), x_m(2), \cdots, x_m(n))$$

对所有的 $i \leqslant j(i, j = 1, 2, \cdots, m)$ 计算出 X_i，X_j 的灰色绝对关联度 ε_{ij}，从而得到三角矩阵

$$A = \begin{pmatrix} \varepsilon_{11} & \varepsilon_{12} & \cdots & \varepsilon_{1m} \\ & \varepsilon_{22} & \cdots & \varepsilon_{2m} \\ & & \ddots & \vdots \\ & & & \varepsilon_{mm} \end{pmatrix}$$

其中 $\varepsilon_{ij} = 1, 2, \cdots, m$ 时，称矩阵 A 为特征变量关联矩阵。特征变量在临界值 r 下的分类称为特征变量 r 的灰色关联聚类。r 越接近 1，分类越细，每一组中的变量相对越少；r 取值越小，分类越粗，这时每一组中的变量相对越多。$r \in [0, 1]$，当 $\varepsilon_{ij} \geqslant r(i \neq j)$ 时，则视 X_i 与 X_j 为同类特征，一般要求 $r > 0.5$。

2）灰色白化权函数聚类就是通过灰色理论中的白化权函数，计算评估对象隶属于某个灰类的程度，以便定量区分其所属灰类。

设有 n 个聚类对象，m 个聚类指标，s 个不同灰类，根据对象关于指标 $j(j = 1, 2, \cdots, m)$ 的观测值 $x_{ij}(i = 1, 2, \cdots, n, j = 1, 2, \cdots, m)$ 将对象 i 归入灰类 S，称为灰色聚类。

将 n 个对象关于指标 j 的取值相应地分为 S 个灰类，称之为 j 指标子类。j 指标 k 子类的白化权函数记为 $f_j^k(\cdot)$。

在具体处理过程中常采用典型白化权函数、下限测度白化权函数、适中测度白化权函数、上限测度白化权函数等。通过此种方法可检验观测对象应归属于先前设定的何种类别，并确定评价结论。

灰色聚类评价方法对样本量的多少和样本有无规律均适用，计算量小，其量化结果不会违背定性分析的结论，适用于评价信息不确切、不完全，具有典型灰色特征的系统。

三、BP 人工神经网络模型

BP 网络（Back Propagation Network）又称反向传播网络神经。该方法通过样本数据的

训练，不断修正网络权值和阈值使误差函数沿负梯度方向下降，逼近期望输出。BP 网络由输入层、隐层和输出层组成，隐层可以有一层或者多层。

BP 网络模型学习过程中由信号的正向传播与误差的逆向传播两个过程组成。正向传播时，输入样本作用于输入层，经各隐层逐层处理后，传入输出层。若输出层的实际输出与期望的输出不符，则转入误差的逆向传播阶段，将输出误差按某种子形式，通过隐层向输入层逐层返回，并"分摊"给各层的所有神经元，从而获得各层神经元的参考误差（或称误差信号），以作为修改各单元权值的依据。权值不断修改的过程，也就是网络学习的过程，此过程一直进行到网络输出的误差逐渐减小到可接受的程度，或达到设定的学习次数为止。BP 网络模型包括输入输出模型、作用函数模型、误差计算模型和自学习模型。当系统模型输出层只有一个神经元时，这种模型可以用于综合评价排序；当输出层有多个神经元时，可以用于分类综合评价。

四、组合评价方法

在具体评价过程中，由于评价方法、评价者等选取的差异，评价结果经常会因为不同评价方法机理的不同，或者由于评价者对于具体评价问题的认识角度、自身条件或认识水平的限制等的不同，而出现不同的评价结果。在不同评价方法间无法判定某一种方法是最优的，也无法判定某一位评价者是最优的评价人选，更多地只能假定被评价对象的真实水平或真序，包含在这些不同的评价方法以及更多评价者的评价结果之中。因此，评价过程中除了采用前面提到的模糊综合评价方法、TOPSIS 法、灰色评价方法、BP 人工神经网络模型等方法外，还经常采用将不同方法结合起来的"组合评价"方法以及"群组评价"的方法。

组合评价既包括统一评价范围（指标体系或子体系）不同方法之间的"平行组合"，又包括不同层次或不同子系统采用不同评价方法的"衔接组合"，甚至可以将不同评价思想混合而成为新的评价方法的综合。如在构建具体评价目标权重时，可以单独采用环比构权法、直接构权法、函数生成构权法、熵权法等方法，也可以基于专家群组采用 Delphi 专家群组构权法，同时还可以分别采用两种以上方法分别构权，然后对各种方法获得的权值取均值、加权综合或采用一种构权方法结果对另一方法得到的权值进行对照或者修正；也可以基于层次分析法对不同层级内的评价目标进行分层级权数计算，或者对不同层级内的评价目标采用不同的方法计算权重。

在同一评价活动中，经常会在不同阶段将不同的方法进行衔接组合，如在确定评价目标阶段采用 Delphi 法确定应用于最终评价的指标及其层级关系，再采用层次分析法（Analytic Hierarchy Process，AHP）对各层级内的具体指标赋权值，并采用模糊数学方法对不同评价指标价值进行处理，最终采用不同的效用函数（合成算子）获得最终的综合评价结果。针对不同评价目标展开的具体评价活动中，在不同评价阶段采用的方法，通常根据评价者的评价目的和对不同方法优缺点的认识，采用不同的组合方法以避免或者克服单独使用某种方法可能会带来的缺陷或不足。

【学习延读】

设计评价是人们认识事物、理解事物并影响事物的重要手段之一。在工程设计中，科学合理的评价不仅可以帮助找出合理的设计方案，而且能帮助设计者更好地认识各个设计方案，并为后续的方案优化和创新提供方向。

严格遵循技术设计的一般程序，并按照设计规范，达到设计评价的目标，是我国古代机械设计的重要特征。宋代苏颂编撰的《新仪象法要》中，通过35幅机械制图的图样及详细的技术说明，记录了水运仪象台的研制设计过程。从最初的水运仪象台创制任务的提出，以及初步设计阶段的情况，"元祐元年冬十一月，昭旨定夺新旧浑仪"，可知水运仪象台的制作，如同今天所说的一项国家重大项目，苏颂奉命召集天文仪器制造设计师查阅档案资料并进行调研。在可行性研究设计阶段，苏颂访得吏部守当官韩公廉，共同研制，"韩公廉通《九章算术》，常以勾股法推考尺度"。在改进设计阶段，苏颂主持其中工作，先后按设计方案和计算尺寸制成样机三座。先是韩公廉制"木样机轮"一座，后又在元祐三年五月造成"小样"，后"有旨赴都堂呈验，自后，造大木样"。这一设计阶段包括了样机的试制与试验、综合评价、定型制作各个部分，样机试制中暴露出的问题和得出的数据都为进一步改进设计提供了依据。从这一过程中总结出的技术设计的一般顺序与现代机械设计程序相比，非常相似，而且这种顺序和严谨的精神，一直贯穿在我国设计造物活动中。

我国古代设计师们在基于中国哲学与传统文化基础上创造的一件又一件人类历史上堪称凿空之举的机械作品，值得我们骄傲和称赞；他们在创造机械中所表现出的思想与智慧，提出问题、分析问题、解决问题的方法，为我们今天的机械设计提供了历史借鉴；大量记录、留存的古代机械设计资料和文献是我们的宝贵财富，也是我们创新和发展的基础。新一代的机械从业者在新的历史使命和发展机遇面前，应在认清我国制造行业形势、变化和未来发展趋势的基础上，努力提升自己工程基础、业务实践、计算机编程、项目管理、团队协作等方面的综合能力，并保持终身学习和不断创新开拓的精神，在"中国创造"发展道路上实现自己的职业价值。

冯如的飞机

思　考　题

1. 工程设计中为什么要进行评价？
2. 阐述工程设计评价的过程。
3. 评价准则的设计要考虑哪些内容？
4. 评价的基本方法有哪些？
5. 为什么在综合评价中要使用权系数？
6. 阐述技术经济评价法的概念及其特点。
7. 模糊综合评价法可解决设计评价中哪些方面的问题？
8. TOPSIS法的全称及其评价原理是什么？

第六章

变型设计理论及方法

6

市场竞争的日益加剧、买方市场的形成和产品更新速度的加快是当今制造业的显著特点。由于市场的复杂多变和不可预期，要求企业具有快速响应市场的能力，面对瞬息万变的市场环境，要求企业能抓住稍纵即逝的机遇，迅速开发出满足市场需求的产品。因此，越来越多的企业视产品的更新变型为企业盈利的核心，力求寻找覆盖整个产品功能要求的系列产品平台设计方法。

德国学者帕尔（Pahl）与贝茨（Beitz）教授按照设计原理最先将设计分为创新设计、适应性设计和变型设计。考虑到适应性设计和变型设计的设计原理相似，现在学者一般把适应性设计和变型设计都称为变型设计，进而将设计分为创新设计和变型设计。变型设计是在基本功能、基本原理和基本结构实现方案都没有改变的前提下，对产品的某些局部功能和结构的调整、变更以适应新的要求，或是通过对产品的结构形式和尺寸的调整、变更以满足不同工作性能的要求。变型设计的核心是最大限度地利用企业现有资源，包括企业的产品信息资源和设计资源。其目的是快速、高质量、低成本地生产出满足不同顾客需求的新产品。

第一节 概　　述

一、市场竞争与变型产品

随着生产发展和人民生活水平的提高，市场的需求越来越广泛，顾客对所需产品的多样化要求也越来越高，不但追求所需产品的功能和性能越来越强大、产品价格低廉，而且要求所需产品要有本身的个性化，能满足不同客户的功能需求。产品的个性化体现在越来越多的企业都是为特定的顾客、特定的使用目的和特定市场环境下的生产和使用而设计和生产的。这将直接导致单一的市场从同类规格的消费市场逐渐裂变为一系列能够满足不同市场需求的新型细分消费市场，细分消费市场又进一步强化了消费市场产品功能的多样性。因此，企业在产品生产成本、开发周期等各个方面都面临着巨大的经营压力，促使企业需要在原有的产品基础上进行改变，能够快速应对市场对产品多样化的需求，同时能够最大限度地充分利用成熟企业自身已有的资源，降低产品的设计和开发成本，并能够保证产品的质量。

根据对市场及企业的大量调查和分析，有70%以上的产品设计和开发工作都属于变型设计。变型设计是关于产品设计方法和设计过程的一种基本分类定义，企业通过提取已存在的设计或新设计计划，进行特定的设计修改以产生一个和原设计相似的新型产品。这种修改一般不破坏原产品的设计基本原理和基本的结构特征，是一种对原产品设计参数的全部修改或局部修改，或是对原产品设计结构的一种局部调整和改变，或者两者兼而有之，其主要设计目的之一就是快速有效、高质量、低成本地开发、设计及生产新设计产品，以充分满足不断变化和发展的买方市场需求。因此，应用变型设计能够快速响应不断变化的市场需求，能够极大地提高快速响应市场的效率和能力，提高产品设计过程中的开发速度，保证产品的质量，增加产品的应用可靠性。

可以看出，市场机制对变型产品影响很大。为满足不同用户的需要，提高产品的竞争能力，同类产品应该具有大小不同的尺寸和性能参数，各种产品通过部分结构的改变可以增加功能、提高性能或降低成本，由此引出一系列的变型产品。通常，变型产品具有以下特点：

1）灵活善变。能根据市场需要，灵活地推出多种相应的产品，且善于变化。

2）迅速。为适应市场竞争的现实，推出的产品较快。

3）低廉。推出的产品在保证功能和质量的前提下，成本较低。

二、变型产品与"三化"

适应市场竞争条件下的变型产品需要具有变的条件。在变型产品的设计中，"零件的标准化、部件的通用化和产品的系列化"是提高产品质量、降低成本、得到多品种多规格产品的重要途径之一。

1）作为国家的一项重要经济政策，标准化是指使用要求相同的零件、产品或工程，按照统一的标准进行设计和投产。零部件标准化是指通过对零件的结构要素、尺寸、材料性能、设计方法、制图要求等，制定出大家共同遵守的标准。按国家标准来生产零部件，可使通用零部件的应用范围转为工厂标准，进而更多地减少设计和加工制造工作量，缩短生产技术准备周期。加强零部件的标准化工作，对保证产品质量、缩短新产品的研制和生产周期、便于使用维修、降低成本等方面都具有重大意义。标准化水平是衡量一个国家技术管理水平的尺度，也是现代化的一个重要标志。

2）零部件通用化是指尽量使同类产品不同规格，或者不同类产品的用途相同、结构相似的零部件经过统一后，可以互换替代，提高部分零件或部件彼此相互通用的程度，进而节约相似零部件的设计与制造工作量，在缩短设计周期的基础上简化零部件的管理。例如，大众汽车在推出新车型时，只把一部分零部件更新，其他还是使用旧车型的零部件。大众汽车没有另起炉灶设计新的模具，零部件的通用性大大降低了开发成本。其做法是，把所有的零部件都拆解开来摆在大家面前，技术人员对每个零部件进行评定，性能优秀的零部件被保留，其他的被换掉。这样大大提高了新车开发的效率，也降低了开发成本。虽然设计新的零部件和模具本身并不是坏事，但是会增加风险和不必要的工作，"零部件通用化"解决了这些问题。

3）系列化通常指产品系列化，它通过对同一类产品发展规律的分析研究，根据生产和使用的技术要求，经过全面的技术经济比较，适当地加以归并和简化，将产品的主要参数、形式、尺寸、基本结构等进行合理安排与计划，并按一定的规律进行分档，以协调同类产品和配套产品之间的关系，合理地安排产品的品种规格以形成系列。产品系列化是使某一类产品系统的结构优化、功能最佳的标准化形式，是标准化的高级形式，也是标准化高度发展的产物，是标准化走向成熟的标志。

三、变型产品的系列类型

在基型产品的基础上进行变型产品的扩展，可以形成各种系列产品。变型产品系列一般分为纵系列、横系列和跨系列 3 类。

1）纵系列产品。纵系列产品是一组功能相同、解法原理相同、结构相同或相近，而尺寸、性能参数按一定比例变化的相似系列产品。纵系列产品在生产中应用较多，如 20inch、24inch、26inch 及 28inch（1inch＝2.54cm）的自行车系列产品。

纵系列产品一般综合考虑使用要求及技术经济原则，合理确定产品由小到大的尺寸及由低到高的性能参数。若其主要尺寸及性能参数按一定比例形成相似关系，则成为相似系列产品，能较好地满足用户要求且便于设计。纵系列产品的设计步骤为：首先进行基型设计，其次确定相似性种类，接着确定尺寸和参数的级差，然后求出扩展型参数数据，最后确定系列产品结构尺寸。

2）横系列产品。横系列产品是在基型产品基础上通过更换某些部件模块以扩展同类产品功能的同类型变型产品。例如，在普通自行车基础上开发的可变速赛车、加重车、山地车、沙滩车等变型车都属于自行车的横系列产品；铣床通过更换铣头，可具有卧铣、立铣、万能铣、钻、磨、插等功能，通过更换各种工作台又可形成各种不同功能。

横系列产品的基型产品在设计时，应考虑增加和更换各种部件所需在结构上采取的一些措施，如留出足够位置，设计合理接口，预先加工出连接的定位面、定位孔等。图 6-1 是在轮式拖拉机基础上扩展的各类土建作业机械族。

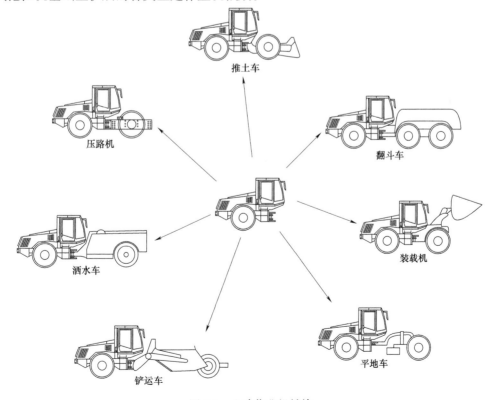

图 6-1　土建作业机械族

3）跨系列产品。跨系列产品是具有相近动力参数的不同类型产品，它们采用相同的主要基础件或通用部件。如某坐标镗床通过改变主轴箱部件及部分控制系统部件可构成坐标磨床、坐标电火花成形机床、三坐标万能测量机等跨系列产品。其中机床的工作台、立柱等主要基础件及一些通用部件适用于系列产品中的各种产品。

跨系列产品设计时必须对各类产品进行细致分析，确保全系列组合产品功能齐全且经济效益比单机设计明显有利，才能体现出系列产品的优越性。另外，注意在设计通用部件或基础件时要兼顾到不同类型产品的需要。

四、优先数与标准公比

优先数和优先数系是一整套国际通用的科学、统一、经济、合理的数值分级制度，最早由法国人雷纳（Renard）于 1879 年在对气球绳索规格分级中发现，统一用 R 表示。1973 年将其定为国际标准（ISO 3：1973）。我国的国家标准 GB/T 321—2005《优先数和优先数系》与国际标准一致。它是一种无量纲的分级数系，适用于各种量值的分级，同时又是十进制几何级数，对于标准化对象的简化和协调起着重要作用，是工程设计及参数分级时应该优先采用的等比级数。

在变型系列产品设计中，表征产品使用性能的参数、提供配套用的参数及其他参数等产品的特征参数常选用优先数和标准公比，见表 6-1。可以看出，优先数是由公比为 $10^{1/5}$（≈ 1.6）、$10^{1/10}$（≈ 1.25）、$10^{1/20}$（≈ 1.12）与 $10^{1/40}$（≈ 1.06）导出的一组近似等比的数列，各数列分别用 R5、R10、R20、R40 表示，为基本系列。优先数系具有"扩播性"，其派生系列是从基本系列中每隔 P 项值导出的系列。优先数系具有以下两个主要特点：一是优先数系是十进制等比数列；二是优先数系具有相关性。在上一级优先数系中隔项取值就得到下一系列的优先数系；反之，在下一系列中插入比例中项，就得到上一系列的数值。R10 系列隔项取值就得到 R5 系列；反之，R5 系列中插入比例中项，就得到 R10 系列的数值。也就是说 R5 系列的项值包含在 R10 系列之中，R10 系列的项值包含在 R20 系列之中，R20 系列的项值包含在 R40 系列之中。

表 6-1　优先数和标准公比

系列符号		R5	R10	R20	R40
标准公比		$10^{1/5} \approx 1.6$	$10^{1/10} \approx 1.25$	$10^{1/20} \approx 1.12$	$10^{1/40} \approx 1.06$
优先数（序号）	0	1.00	1.00	1.00	1.00
	1				1.06
	2			1.12	1.12
	3				1.18
	4		1.25	1.25	1.25
	5				1.32
	6			1.40	1.40
	7				1.50

（续）

系列符号		R5	R10	R20	R40
标准公比		$10^{1/5} \approx 1.6$	$10^{1/10} \approx 1.25$	$10^{1/20} \approx 1.12$	$10^{1/40} \approx 1.06$
优先数 （序号）	8	1.60	1.60	1.60	1.60
	9				1.70
	10			1.80	1.80
	11				1.90
	12		2.00	2.00	2.00
	13				2.12
	14			2.24	2.24
	15				2.36
	16	2.50	2.50	2.50	2.50
	17				2.65
	18			2.80	2.80
	19				3.00
	20		3.15	3.15	3.15
	21				3.35
	22			3.55	3.55
	23				3.75
	24	4.00	4.00	4.00	4.00
	25				4.25
	26			4.50	4.50
	27				4.75
	28		5.00	5.00	5.00
	29				5.30
	30			5.60	5.60
	31				6.00
	32	6.30	6.30	6.30	6.30
	33				6.70
	34			7.10	7.10
	35				7.50
	36		8.00	8.00	8.00
	37				8.50
	38			9.00	9.00
	39				9.50

优先数的运算具有如下规律：

1）求优先数的积。例如求优先数 1.25 和 1.60 的积（1.25×1.60＝2.00），这里 2.00 也是优先数。在实际求值时，可不必加以计算，只需将这两个优先数的序号相加，求得新序号，与之对应的优先数就是所求的两个优先数之积。1.25 和 1.60 对应序号之和为：4+8 = 12，对应于序号 12 的优先数即为 2.00。

2）求优先数的商。例如求优先数 2.24 和 2.00 的商（2.24/2.00 = 1.12），这里 1.12 也是优先数。在实际求值时，可不必加以计算，只需将这两个优先数的序号相减，求得新序号，与之对应的优先数就是所求的两个优先数之商。2.24 和 2.00 对应序号之差为：14-12 = 2，对应于序号 2 的优先数即为 1.12。

3）求优先数的乘方。例如求优先数 1.12 的平方（$1.12^2 = 1.25$），这里 1.25 也是优先数。在实际求值时，可不必加以计算，只需将乘方指数 2 乘以优先数 1.12 所对应的序号，求得新序号，与之对应的优先数就是所求之值。1.12 所对应的序号为 2，则 2×2 = 4，对应于序号 4 的优先数即为 1.25。

4）求优先数的开方。例如求优先数 2.24 的平方根（$2.24^{1/2} = 1.50$），这里 1.50 也是优先数。在实际求值时，可不必加以计算，只需将优先数 2.24 的相应序号 14 除以根指数 2，求得新序号，与之对应的优先数就是所求之值。14/2 = 7，对应于序号 7 的优先数即为 1.50。

选用优先数的优点在于以下几点：

1）按等比级数制定，提供了一种"相对差"，不变的尺寸及参数数值分级制度，在一定数值范围内能以较少的品种规格经济合理地满足用户的全部需要。

2）国际上统一的标准，有利于产品标准化和参数统一协调。

3）优先数系有较广泛的适应性。

4）在设计系列产品时利用标准公比和优先数，将使设计更合理和简便。因为优先数是等比级数，其积或商仍是优先数，而其对数则是等差级数。

在选用优先数系参数时，应考虑以下几个方面的要素：

1）应使在经济性或配套互换上有重要影响的主参数采用优先数。当产品尺寸参数和性能参数有矛盾时，通常首先选尺寸参数为优先数。

2）当产品的装配尺寸和零件尺寸不能同时为优先数时，应优先使零件尺寸采用优先数。一个零件的各种尺寸中，互换性尺寸或重要的连接尺寸应先考虑选用优先数。

3）应遵循"先疏后密"的原则，尽可能首先选用基本系列。一般机械的主参数可选 R5～R10，专用工具的主要尺寸可选 R10，通用型材、零件和工具尺寸、铸件壁厚等可取 R20～R40。

4）当基本系列的公比不能满足分级要求时，可选用派生系列，应优先选用公比较大和延伸项中含有项值 1 的派生系列。

5）当整个系列范围很大，不同区间内需要量和功能价值相差悬殊时，允许分段选用最适宜的基本系列或派生系列，构成复合系列。

第二节 相似系列产品设计

一、相似系列产品

所谓相似系列产品是指系统相似、尺寸与性能参数皆成一定比例关系的纵系列产品。相似系列产品不是按单个产品设计的，而是在基型产品的基础上通过相似理论利用量纲齐次原理和相似比关系计算出全系列产品的尺寸和参数，可节约设计时间并降低设计成本。相似系列产品设计是目前企业广泛采用的设计方法之一，它具有如下优点：

1）系列产品的不同规格仅仅是基于一种规格变化而形成的，这就大大节省了产品的开发周期和成本，提高了产品的性能和可靠性。

2）系列产品在满足用户需求的前提下，遵循适当的参数变化规律可以提高不同规格产品的生产批量，从而使产品质量稳定、成本下降，这对企业和用户都有利。

3）对企业来说，系列产品便于库存管理，同时对用户来说，系列产品使用规定和方法相同，便于使用。

基型产品是发展系列产品的基础，其设计过程应遵循科学的设计方法，并注意其扩展的可能性和方便性，注意提高其标准化、通用化程度，并尽可能提高其设计质量。

二、基本相似理论

相似理论（The Similarity Theory）是一种研究试验模型和真实模型之间相似关系的方法。该理论能将单一的试验结果运用到具有相似试验现象群中，且这种方法求解简单，只需运用有限个试验数据及用微分方程和单值性条件描述的现象，得到相似准则方程，就能确定结果的应用范围。解决相似问题的关键是找出相似系统各尺寸及参数的相似比。在基本相似条件和相似三定理的基础上，可引出求相似比的各种方法。

1. 相似概念

所谓相似是指一组物理现象在物理过程中，在对应点上基本参数之间成固定的数量比例关系，则把这一组物理现象称为相似。一般来说，相似关系只存在于同类现象中，且必须能用同样的物理关系式或函数关系来描述。常见的物理现象有几何相似、动力学相似和运动学相似。几何相似是指两个几何相似的图形或物体，其对应部分的比值等于同一个常数，即系统中各对应长度成比例，各对应角相等；动力学相似是指在几何相似的力场中，力相似或连同转矩相似；运动学相似是指运动路线几何相似，对应点的速度（加速度）方向相同，而大小相应成比例。

在两个相似的系统中，若满足几何相似、动力学相似和运动学相似，则两系统的性能相似。其中，几何相似是条件，动力学相似是关键。也就是说，凡是在几何相似的条件下，求得的动力学相似的解，也能满足运动学的相似。在相似现象中，其固定比例关系称为相似比。常用的基本相似比有长度（L）、力（F）、时间（T）、温度（θ）、电量（Q）及发光强度（I）等。其中 L、F、T 为基本量纲。物理量的基本相似见表 6-2。

表 6-2 物理量的基本相似

相似性		基本参量	单位	相似条件	固定相似比
系统相似	几何相似	长度	m	对应的长度成比例	$\varphi_L = L_1/L_0$
				对应的角度相等	$\angle A_1 = \angle A_0$
	动力相似	力	N	对应点上力方向一致，大小成比例	$\varphi_F = F_1/F_0$
	运动相似	速度	m/s	对应点上相同时刻的速度、加速度矢量方向一致，大小成比例，对应时间间隔成比例	$\varphi_v = v_1/v_0$
		加速度	m/s²		$\varphi_a = a_1/a_0$
		时间	s		$\varphi_t = t_1/t_0$

（续）

相似性		基本参量	单位	相似条件	固定相似比
基本参量相似	材质相似	密度	kg/m³	材料的性能参数，对应成比例	$\varphi_\rho = \rho_1/\rho_0$
		泊松比	—		$\varphi_\mu = \mu_1/\mu_0$
		抗拉弹性模量	N/mm²		$\varphi_E = E_1/E_0$
		抗剪弹性模量	N/mm²		$\varphi_G = G_1/G_0$
	热相似	温度	K	温度场中对应点温度成比例	$\varphi_\theta = \theta_1/\theta_0$
	电相似	电量	Q	对应的电量成比例	$\varphi_Q = Q_1/Q_0$
	光相似	发光强度	cd	对应的发光强度成比例	$\varphi_I = I_1/I_0$

2. 相似准则

将物理现象作用的物理规律所涉及的一些物理量，规定表达为一无量纲综合数群。在一个现象中的不同点上和不同时刻，此数群的数值不同。当一个现象在对应时刻、对应点上此综合数群的值两两相等时，此二现象为相似，此无量纲综合数群称为相似准则。例如，描述惯性的牛顿第二定律 $F=ma$，表达了惯性力 F 与质量 m 和加速度 a 间的关系。若等式两边各量用其相应的量纲表达，并用等式右边量纲除以左边时，可得到表征惯性力的无量纲综合数群为

$$N_e = \frac{F}{\rho L^3 v/t} = \frac{Ft}{\rho L^3 v} = \frac{F}{\rho L^2 v^2}$$

此数群由牛顿第二定律得来，可称为牛顿准则或牛顿数。若二现象的惯性力相似，必须任意点、任意对应时刻的 N_e 相同。由此可以看出，相似准则不是一个物理量，而是多个物理量的组合，它表达的是一个系统物理特征的无量纲综合数群。相似准则是不变量，而非"常量"。相似准则的性质如下：

1）任何相似准则都是无量纲的数，相似准则的数值与测量单位无关。

2）微分方程直接推导出的相似准则都具有明确的物理意义。

3）组成相似准则的各个物理量均随空间位置而变化，所以相似准则的数值一般也随空间位置变化。但是，在相似系统的对应点上，相似准则的数值始终是相等的。

4）任何两个相似准则相乘或相除，其积或商仍是相似准则。

5）对于非稳态过程，不仅在不同点上相似准则具有不同的数值，且在同一点上的不同瞬间，其相似准则的数值也不相等。但是，当从一个现象转变到与它相似的另一现象时，在对应点和对应瞬间，相似准则的数值相等。

6）相似准则数值的大小，反映了流体或固体在流动或换热过程中质的变化。

相似设计和模型试验是相似理论在工程设计中的具体应用。相似模型在应用时主要关注两方面的问题：一是在什么条件下，现象是相似的；二是如何把所得模型数据换算到原型上去，并且对换算得到的原型数据进行评估。这两个问题可以描述为寻找模型设计条件和模型响应关系，而这两个概念都和相似准则有关。因此相似设计中的首要步骤就是相似准则或相似指标的推导。目前，常用的相似准则推导方法主要有量纲分析法和方程分析法两种。

（1）量纲分析法 物理定律和公式在表述的时候，一定不能依赖单位制。因为物理定律建立的是物理量之间的关系，而单位制只是人们之间的一种协议约定。任何公式的两端必

须有相同的量纲。量纲分析是在物理现象规律的基础上建立数学模型的一种有效的方法，物理之所以严谨，正是因为有数学模型的支撑。量纲分析可以将物理量间的复杂依赖关系简化至最简形式，对于研究确切方程和边界条件尚未完全已知的现象尤其有用。量纲分析建模主要依据的是相似第二定理，其中心思想就是用相似准则的集合代替物理函数式。量纲分析法是用量纲方程来替代物理方程，根据量纲方程等式两边量纲的齐次性，求解出物理方程式中各物理量的未知幂指数。

量纲分析法在其使用过程中，也存在一些缺点，主要有以下几点：一是使用量纲分析法，就需要找到影响现象的关键物理量，但量纲分析的基本方法没有固定的形式与结构，所以变量和常数的正确选择常常依赖于良好的直觉，这样的直觉对于没有足够工程经验的新人来说是难以把握的；二是传统的量纲分析法不能区分量纲相同但在数学方程式中具有不同物理意义的量；三是不能处理量纲为零的量；四是在列出量纲方程的时候容易产生误列入和误消除的情况。

（2）方程分析法　建模和仿真就是应用相似原理制作一个与原型性质相似但总体尺寸变大或变小的比例模型，然后对此模型进行研究。尺寸大小的变化是容易的，但在现实中，几何上相似不一定意味着物理性质上相似，所以需要找到量纲唯一的方程，因为这样的方程没有尺度问题，可适用于各种几何尺寸。

方程分析法是使用已知的理论或物理方程来推导相似准则的方法。方程分析法与量纲分析法最大的不同之处在于，前者是在对所研究的物理现象有了比较清楚的认识基础之上使用的，即已有描述该现象的微分方程。方程分析法旨在将带量纲的微分方程化为无量纲的方程。

3. 相似指标

所谓相似指标是指由相似准则中与各参数对应的参数相似比按同样关系构成的无量纲数群。如与牛顿准则相应的相似指标 Π 为

$$\Pi = \frac{\varphi_F \varphi_t}{\varphi_m \varphi_v} = \frac{\varphi_F}{\varphi_\rho \varphi_L^2 \varphi_v^2}$$

可见，相似指标是由相似常数组成的数群。若两物理量现象相似，其相似指标的值必为1，这是相似现象对参数相似比数值间的约束关系。因此，相似指标与相似常数、相似准则之间存在着意义上的差别。相似常数是在两相似现象上的对应点上，每一个物理量的比值保持恒定的数值，但当用另一相似现象替代时，比值发生变化即相似比不同。相似准则与相似常数都为无量纲，但意义不同。在相似现象中，相似常数可变化，但相似准则不变。相似指标具有以下性质：

1）相似指标是相似现象诸物理量的各相似常数所组成的数群，它是无量纲的。

2）对于相似现象，其相似指标等于1。

3）相似指标给出了诸相似常数之间的约束关系。这一方面表明，各相似常数的取值不能都是任意的，其取值必须满足相似常数方程（相似指标等于1）；另一方面又表明，在满足相似常数方程的前提下，可以根据设计需要任意调整各相似常数的取值。

4）相似指标是由描述该相似现象的控制方程组推导出来的。如果相似现象是由相互独立的几个方程所描述，则该相似现象就具有相同数量的相似指标。

5）相似指标大小等于1，对于相似现象只有在对应时刻和对应空间点同时满足的情况

下成立。时间不对应，或在对应时间下空间点不对应，其相似指标大小等于 1 也不成立。

4. 相似三定理

相似三定理是相似设计的理论基础。1868 年法国科学家贝特朗（Bertrand），以力学方程分析为基础，首先确定了相似第一定律，描述了相似现象的基本特性。1914 年美国的波金汉（Buckingham）提出相似第二定理，分析了相似现象各物理参量的表达。1930 年苏联学者基尔皮契夫和古赫曼提出了相似第三定理，回答了相似现象的充分而必要的条件。

相比于几何相似，物理过程的相似要求遵守更多条件。要使两个物理过程相似，就必须将决定这两个过程的各个物理量进行适当变换。各个物理量的变换不是相互独立的，而是存在一定的联系。这种联系是由描述这些物理过程变化规律的微分方程所决定的。如果两个现象相似，则它们一般满足 3 个条件：一是现象的性质相同；二是同名物理量相似；三是相似常数之间储存着一定的关系。相似第一定理与第二定理是把相似的存在当作预先已知的事实，确定了相似现象的性质。而相似第三定理是证明两个现象是否相似所依据的标准。

1）相似第一定理（相似正定理）。相似第一定理又称相似正定理，可以用文字表述为：相似现象的相似指标等于 1，或其对应点的同名相似准则数值相等。相似第一定理说明了物理现象相似的必然结果，它是相似现象所具有的特征。在进行相似设计中，相似第一定理中的相似指标和相似准则是将原型与模型定量联系的桥梁。因此，相似设计中的第一步是推导出相似指标或相似准则。

彼此相似的现象，必定具有数值相同的同名相似准则，且相应的相似指标 Π 等于 1。相似正定理显示了相似现象物理过程的内在联系，其各对应点物理量的比值即相似准则具有同一数值，各对应点的相似常数之比即相似指标等于 1。用第一定理来指导模型实验或进行相似设计，首先要导出相似准则，然后在实验中测量或计算相似准则包含的一切物理量。

2）相似第二定理（Π 定理）。相似第二定理可以描述为：当描述一个现象的函数关系式包含 n 个物理量，在这些物理量中含有 m 个基本量纲，则该现象具有 $n-m$ 个相似准则，且描述该现象的函数关系式可以表达成这 $n-m$ 个相似准则间的函数关系式。

相似第二定理告诉我们，当两个现象相似时，判断其具有的相似准则个数的方法，即 $n-m$ 个独立的相似准则。同时，指出可以将描述一个物理现象的物理参数方程转换成无因次的准则方程。也就是利用一个现象全部独立的相似准则的集合来表达该现象各物理量间的函数关系。我们可以用准则方程的形式来处理实验结果，以便将结果推广应用到所有相似现象中去。

设一个物理系统有 n 个物理量，其中 k 个物理量的量纲是相互独立的，则它们可表达成 $n-k$ 个相似准则 Π_1，Π_2，$\cdots$，Π_{n-k} 的函数关系（即相似准则个数为 $n-k$ 个）。若描述某现象的方程为

$$f(a_1,a_2,\cdots,a_k,b_{k+1},b_{k+2},\cdots,b_n)=0$$

式中，a_1，a_2，$\cdots$，a_k 为相互独立的物理量（基本物理量）；b_{k+1}，b_{k+2}，$\cdots$，b_n 为导出的物理量；n 为系统物理量总数；k 为基本物理量总数（相互独立的基本量纲数目）。

方程中各项量纲都是齐次的，上式可以转换为无因次的准则方程，则

$$F(\Pi_1,\Pi_2,\cdots,\Pi_{n-k})=0$$

称上式为准则关系式或 Π 关系式。

3）相似第三定理（相似逆定理）。相似第三定理可以描述为：对于同一类物理现象，

如果单值条件相似，且由单值条件的物理量所组成的相似准则在数值上相等，则现象相似。相似第三定理是构成现象相似的充分必要条件。它指出，若两现象相似，除其对应点上的物理量组成的相似准则的数值相同外，还必须具备初始状态相同的条件。所谓单值条件，是指能把服从于同一方程组的无数现象单一地划分出某一具体现象的条件，也就是将现象的通解转变为特解的条件。所有存在于单值条件中的物理量都称为单值量。单值条件确定了现象的几何特征、物理参数的数值、介质条件、边界条件和起始条件。

现象相似的充分必要条件可以概括为 3 点：一是相似的现象一定是同类物理现象，且描述这些现象的数理方程（组）是相同的，方程采用同一种测量单位制和同样的坐标系；二是单值量相似，即单值量的名称和个数相同，只是不同的现象有不同的数值大小；三是由单值性条件组成的相似准则相等（或由单值量的相似常数所组成的相似指标等于1）。

5. 相似比方程

在相似三定理的基础上，可用以下方法求出有关的相似比方程，然后通过解方程求得参数的相似比。

1）方程分析法。当两现象相似时，其表达方程式的形式应完全相同且方程中任意对应两项的比值相等。

即对某系统有　　　　　　　　$\Phi_1 + \Phi_2 + \cdots + \Phi_n = 0$

则与此相似的现象应当有　　　$\Phi_1' + \Phi_2' + \cdots + \Phi_n' = 0$

且有　　　　　　　　　　　$\Phi_i / \Phi_i' = \Phi_j / \Phi_j'$

将比例式予以转换，则有　　　$$\frac{\Phi_i}{\Phi_i'} \frac{\Phi_j'}{\Phi_j} = 1$$

将各相似比代入上式，即可求得两相似现象的相似指标。方程中若有微分符号，计算相似指标时将微分运算符号删去即可，如将 $\mathrm{d}L/\mathrm{d}t^2$ 用 L/t^2 代替。

用方程分析法求解时，首先列出所需物理或几何关系方程式，用方程式中的任一项去除其他各项，并将所有微分运算符号删去，用相应量的比值代替；然后将各项比值中的相应参数用相应的相似比代替，并令其等于 1，所得各关系式即为两相似现象间的各相似指标。

【例 6-1】　确定小变形时梁的弯曲变形相似指标。

解：在此情况下描述梁的弯曲变形方程为

$$EJ \frac{\mathrm{d}^2 y}{\mathrm{d}x^2} = M$$

式中，E 为弹性模量；J 为截面的惯性矩；x 为截面沿梁轴线方向的坐标；y 为截面沿垂直梁方向的位移（挠度）。

变换上式，可得　　　　　　　$$EJ \frac{\mathrm{d}^2 y}{\mathrm{d}x^2} - M = 0$$

两边同时除以 M 可得　　　　　$$\frac{EJ}{M} \frac{\mathrm{d}^2 y}{\mathrm{d}x^2} - 1 = 0$$

删去微分运算符号，可得　　　　$$\frac{EJ}{M} \frac{y}{x^2} - 1 = 0$$

考虑到弯矩 M 与外力 F、梁的长度 L 有关，坐标 x 也与梁的长度 L 有关，计算相似比时乘、除常数均可消去，分别将式中有关参数用相应的相似比代替，代入方程并令其等于 1（因

此处除常数 1 外只有一项，常数 1 不予考虑），可得

$$\frac{\Phi_E \Phi_J \Phi_y}{\Phi_F \Phi_L^3} = 1$$

若两梁截面形状亦相似，有

$$\Phi_J = \Phi_L^4$$

代入上式有：

$$\frac{\Phi_E \Phi_L \Phi_y}{\Phi_F} = 1$$

【例 6-2】 求方程 $A = Cx^m y^n z^p$ 的相似比方程。

解：对题目所给方程进行变换得

$$Cx^m y^n z^p - A = 0$$

两边同时除以 A 可得

$$\frac{Cx^m y^n z^p}{A} - 1 = 0$$

计算相似比时乘、除常数均可不考虑，即不考虑 C 的影响，分别将式中有关参数用相应的相似比代替，代入方程并令其等于 1（因此处除常数 1 外只有一项，常数 1 不予考虑），可得

$$\frac{\Phi_x^m \Phi_y^n \Phi_z^p}{\Phi_A} = 1$$

可知当系统相似时，相似比方程中各参数相似比的关系对应于物理或几何关系中的参数关系，而常数项不出现。

2）由相似第一定理求相似比方程。通过例 6-1 的简支梁来予以说明。若两简支梁系统刚度相似，则根据梁的弯曲变形微分方程得

$$\frac{\mathrm{d}^2 y}{\mathrm{d}L^2} = \frac{M}{EJ}$$

量纲等效：$\dfrac{\mathrm{d}^2 y}{\mathrm{d}L^2}$ 等效于 $\dfrac{y}{L^2}$，M 等效于 FL，J 等效于 L^4。

则得相似准则为

$$\Pi = \frac{\mathrm{d}^2 y}{\mathrm{d}L^2} \frac{EJ}{M} \text{ 等效于 } \frac{yEL^4}{L^2 FL} = \frac{yEL}{F}$$

由相似第一定理，两系统相似，相似准则相同，则 $\Pi = \dfrac{yEL}{F}$

相似指标为 1，则

$$\frac{\Phi_y \Phi_E \Phi_L}{\Phi_F} = 1$$

此即为要求的相似比方程。

3）用量纲分析法求相似比方程。对于关系式未知的物理系统，可用量纲分析法，先求出物理关系式中各参数的指数关系，在此基础上再求相似比方程。物理量的基本量纲有 3 个，分两种系统：一是力（量纲）系统，即力（F）、长度（L）和时间（T）；二是质量（量纲）系统，即质量（M）、长度（L）和时间（T）。任何力学物理量都可用 3 个基本度量单位来表达，根据物理方程等号两边量纲齐次的原理，可推算出指数未知的物理方程。

量纲分析法的具体过程如下：设描述某相似现象的物理量有 n 个，但基本量（相互独立者）只有 k 个，根据相似第二定理，这一现象将有 $n-k$ 个相似准则，其一般表达式为

$$\Pi_i = x_1^{n_1} x_2^{n_2} \cdots x_n^{n_n} (i = 1, 2, \cdots, n - k)$$

将各物理量的量纲均用基本量纲 $[J]$ 表达，整理得

$$[\Pi] = [J_1]^{f_1(n_1, n_2, \cdots, n_n)} [J_2]^{f_2(n_1, n_2, \cdots, n_n)} \cdots [J_k]^{f_k(n_1, n_2, \cdots, n_n)}$$

因为 Π 是无量纲数群，根据方程等号两边量纲齐次，则

$$f_1(n_1, n_2, \cdots, n_n) = 0$$
$$f_2(n_1, n_2, \cdots, n_n) = 0$$
$$\vdots$$
$$f_k(n_1, n_2, \cdots, n_n) = 0$$

此方程组有 n 个未知数，但只有 k 个方程，故须对 $n-k$ 个未知数给定 $n-k$ 组不同的数值，可以求得 $n-k$ 组独立解，从而得到 $n-k$ 个相似准则。再将各准则中相应物理量代以相似比，并令相似指标等于 1，即可求得各相似指标了。

【例 6-3】 分析物体受力运动的相似比关系式。

解：描述物体受力运动的量有力 F、速度 v 和时间 t。相似准则 Π 的一般表达式可写为

$$\Pi = F^a m^b v^c t^d$$

将各量用基本量纲 $[L]$、$[M]$、$[T]$ 表达则有：$[\Pi] = [MLT^{-2}]^a [M]^b [LT^{-1}]^c [T]^d$，由于量纲齐次，对于 $[M]$，$a+b=0$；对于 $[L]$，$a+c=0$；对于 $[T]$，$-2a-c+d=0$，令 $a=1$，可得

$$b = -1, c = -1, d = 1$$

故

$$\Pi = F m^{-1} v^{-1} t = \frac{Ft}{mv}$$

这就是牛顿准则。若代以相应的相似比，并令其等于 1，可得所要求的相似指标为

$$\frac{\Phi_F \Phi_t}{\Phi_m \Phi_v} = 1$$

【例 6-4】 分析机床床身强迫振动的相似比关系式。

解：机床强迫振动的频率 $f(\text{s}^{-1})$ 与长度 $L(\text{mm})$、材料密度 $\rho(\text{g/mm}^3)$ 及弹性模量 $E[\text{N/mm}^2 \rightarrow (\text{kg} \cdot \text{m/s}^2)/\text{mm}^2]$ 有关。

$$F(f, L, \rho, E) = 0$$

设 $f = C L^\alpha \rho^\beta E^\gamma$，式中，$C$ 为系数，列量纲方程式为

$$T^{-1} = L^\alpha (M/L^3)^\beta (MLT^{-2}/L^2)^\gamma = L^{(\alpha - 3\beta - \gamma)} M^{(\beta + \gamma)} T^{-2\gamma}$$

根据方程两端量纲齐次，可得

$$\alpha - 3\beta - \gamma = 0$$
$$\beta + \gamma = 0$$
$$-2\gamma = -1$$

则

$$\alpha = 1$$
$$\beta = -1/2$$
$$\gamma = 1/2$$

因此，床身强迫振动频率关系式为

$$f = C L^{-1} \rho^{-1/2} E^{1/2}$$

若两系统相似，其相似比方程为

$$\Phi_{\mathrm{f}} = \Phi_{\mathrm{L}}^{-1} \Phi_{\rho}^{-1/2} \Phi_{\mathrm{E}}^{1/2}$$

三、模型设计与试验

模型设计是一种流程，模型的本身是一个可执行的规格书，开发者在修改优化模型的过程中完成对设计的修缮，不必等到系统测试阶段再进行验证。模型设计技术最早出现在汽车和航空航天行业，在 20 世纪 90 年代初，研发人员在对大量的嵌入式处理器进行开发过程中，发现通过建模和仿真的设计方法可以提高设计开发的效率，因此模型设计越来越受人关注。相较于传统的控制系统开发流程，基于模型设计能够在产品设计的初期评估和验证产品的性能，发现设计存在的缺陷并进行更正，有效地避免了如传统设计方法在产品成形的后期试验才发现问题而产生的巨大损失。此外，基于模型设计方法可以摆脱对物理样机的依赖，大大降低了研发成本，缩短了研发周期。

在工程设计中常常需要进行模型设计与试验，以便较好地确定相关的结构参数和性能参数。工程设计中所用到的模型与实际系统之间是一个相似关系。因此，在进行模型设计时，必须遵循以下基本原则：

1）模型与原型（基型）应当几何相似。

2）模型与原型用同样物理关系式或微分方程描述。

3）模型与原型的初始条件、边界条件相似。

4）模型与原型的同类物理参数对应成比例（载荷、速度、温度、预应力等），而且比值为常数。

模型设计的主要步骤如下：

1）导出相似指标与相似准则。用同样的物理方程式描述原型与模型，应用相似三定理导出相似指标和相似准则。

2）选材料。模型材料不一定与原型材料相同。确定模型材料时要满足相应的有关相似准则。对模型材料的性能做如下要求：弹性模量小、作用力小时，变形大，对加载、测量有利；在试验载荷范围内，材料的应力-变形呈线性关系；有一定的强度，加工性能好，便于制造。

3）定尺寸。模型各部分尺寸将由几何常数确定。原型与模型的长度相似比大于 1 为缩小模型；小于 1 为放大模型。确定模型尺寸，要考虑模型的安装、加载和测量，模型尺寸过大或过小都会使测量困难。

4）确定结构。模型结构不必与原型结构完全相同，模型可适当简化，忽略对整机性能影响不大的次要部件或尺寸较小的部件，外形也可适当简化。但要注意简化后的模型要保持其主要结构性能与原型一致。

基于模型设计配套的自动代码生成技术，能够直接将搭建好的控制系统软件模型通过必要的工具和正确的配置，生成符合目标处理器运行规则的软件代码。随着信息技术的飞速发展，现代控制系统的复杂度呈指数式增加，从而导致产品中的控制代码也越来越庞大，逻辑关系也越来越复杂。基于模型设计方法能够摒弃手写代码的过程，算法在软件层面仿真验证后，利用 MATLAB/Simulink 中集成的硬件支持软件包（包括 ARM、DSP、FPGA 等不同代码结构和语言的代码自动生成），对 Simulink 中设计好的控制系统输入输出接口进行对应替换，自动生成代码后利用对应软件开发工具调试后烧录到对应驱动芯片，实现高效的控制系统设计。基于模型的软件开发方式为 V 模型，如图 6-2 所示。

基于模型设计的软件开发方法优势主要体现在以下几点：

1）图形化、模型化的设计方法将使开发者更加容易开始工作。图形化的模块开发使得团队之间更加直观地理解彼此的想法，团队沟通更加简洁明了，对于开发模块的使用和维护更加有效率。

2）控制系统开发过程中软件设计的漏洞和错误从开发开始一直到开发结束都无法避免，所以对于一个控制系统开发最大的

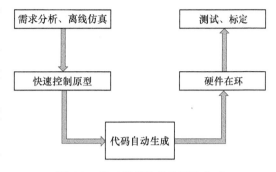

图 6-2　基于模型的软件开发方式

"噩梦"是在开发终点才发现软件早期或者中期出现的错误。传统的软件开发是很难有效地及早发现软件漏洞，而采用基于模型的设计方法可以通过模型仿真验证在开发初期就发现错误并更正，可以避免前期的错误使后期造成更大的损失。

3）自动代码生成技术是基于模型设计方法中的关键技术，传统的代码编写需要开发人员了解大量的软件编写规则，并在开发中进行大量的代码撰写任务。因此在更换硬件设备时，需要学习新的软件编写规则、硬件外设知识等，而基于模型设计可将开发人员从机器语言中解脱出来。自动代码生成技术通过设计可以生成符合多平台的硬件语言，该技术能直接进行图形化的软件编写，可以大幅度地提高工作效率，让开发人员能够专注于更高层次的软件技术及算法的开发。

4）基于模型的设计可以实现技术文件的快速创建，由模型信息可以生成详细的技术报告，能够将整个系统软件的细节进行详细记录，方便工程师整理与发布，形成技术规范，更好地完成项目管理过程。

四、相似系列产品设计要点

相似系列产品具有相同的功能和原理方案，各产品系统相似，相应的参数、尺寸及性能指标间有一定的公比。因此，相似系列产品设计的原理是在基型产品设计的基础上，通过相似原理求出系列中其他产品的参数和尺寸。系列设计比单件产品设计的效率大为提高，而相对设计成本降低。设计的主要步骤如下：

1）基型产品设计。基型产品一般选在系列的中档，为使用较多的型号。运用科学设计方法对基型产品进行精心设计，寻求最佳原理方案及结构方案，确定材料及优化可靠的参数、尺寸。尺寸应尽量采用优先数系中的优先数。

2）确定相似系列。产品系列一般分为几何相似产品系列与半相似产品系列。

几何相似产品系列中各产品的相应几何尺寸都固定成比例，相似比为定值。这种系列产品若级差公比采用 R5、R10、R20 或 R40 的标准公比，尺寸为相应的标准数，则可利用优先数曲线很方便地求出所有参数、尺寸。

半相似产品系列是不完全符合几何相似的产品系列，各参数和尺寸根据使用或工艺要求可能有不同的比例关系。卧式车床系列的设计如图 6-3 所示，其中心高 h 或工件最大回转半径 D 是几何相似的，而从人机学原理分析，机床中心轴线离地面的高度 H 及手柄几何尺寸

的大小在全系列各产品中是不变的。

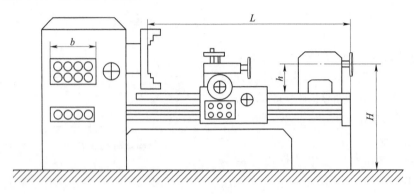

图 6-3 卧式车床系列的设计

需要特别注意的是，对设计产品而言，发展系列产品不仅是几何尺寸上的放大与缩小，它还要求采用相同的材料、相同的工艺，特别希望达到相同的材料利用率，亦即希望所产生的应力应当相同。因而在设计中要保持几何相似、动力相似，且主要考虑弹性力与惯性力，并希望材料不变、应力相同时，有关参量的相似比均可表达为几何尺寸相似比的一定关系。

此外，即使是几何相似的系列产品，某些结构尺寸也不可能成比例。如由于工艺限制，铸件的壁厚不能小于一定数值；再如，在标注公差时要考虑到按 φ 级差公比设计的尺寸，其公差的公比约为 φ 的三分之一次方。

3）级差公比的选择和计算。级差是指系列产品中相邻产品尺寸或参数之间的公比。级差公比的选择原则是：在一定的范围内，使用者希望级差公比小些，增加系列产品的种类，便于选用；而生产者则希望级差公比大些，减少系列产品种类，以降低加工成本。设计中应尽量选用 GB/T 321—2005《优先数和优先数系》中的标准公比作为级差。可全系列采用同一级差，也可在使用较频繁的中段用一种级差，而系列的两端用另一种级差，或者采用前大后小的级差。

系列中某些基本尺寸或参数往往是级差相等的等比级数，可按几何等比数列的规律求其级差公比 ϕ。

$$\phi = \left(\frac{T_n}{T_1}\right)^{\frac{1}{n-1}}$$

式中，T_1 为数列首项；T_n 为数列末项；n 为项数。

求出 ϕ 值后，应按标准取一最接近的标准值。产品系列中各产品都是相似系统，根据相似定理由有关物理关系式求出相似比方程式，即可从已知级差公比求得其他参数尺寸的级差公比。

【例 6-5】 已知升降机系列中 8 种产品相似。承载量 $F=25\sim250$kN，要求分布前疏后密，提升速度 $v=0.1\sim0.15$m/s，求系列产品的承载量、提升速度和提升功率的级差公比。

解：①求承载量的级差公比。若级差相等 $\phi_F=(F_n/F_1)^{1/(n-1)}=(250/25)^{1/(8-1)}=1.39$，按题意，要求承载量公比前疏后密，则前 4 项取标准公比 $\phi_F'=1.6>1.39$，为 R5 系列，即 $F_1=25$kN、$F_2=40$kN、$F_3=63$kN、$F_4=100$kN。后 4 项取标准公比 $\phi_F'=1.25<1.39$，为 R10 系列，即 $F_5=125$kN、$F_6=160$kN、$F_7=200$kN、$F_8=250$kN。

② 求提升速度级差。若级差相等 $\phi_v = (v_n/v_1)^{1/(n-1)} = (0.15/0.1)^{1/(8-1)} = 1.06$，取标准公比 $\phi_v = 1.06$，为 R40 系列，即 $v_1 = 0.10\text{m/s}$、$v_2 = 0.106\text{m/s}$、$v_3 = 0.112\text{m/s}$、$v_4 = 0.118\text{m/s}$、$v_5 = 0.125\text{m/s}$、$v_6 = 0.132\text{m/s}$、$v_7 = 0.140\text{m/s}$、$v_8 = 0.150\text{m/s}$。

③ 求提升功率级差。提升功率 $P = Fv$，因此，$\phi_P = \phi_F \phi_v$，功率级差前 4 项为 $\phi_P = 1.6 \times 1.06 = 1.696$，后 4 项为 $\phi_P = 1.25 \times 1.06 = 1.325$。

4）求扩展型产品的参数及尺寸。已知基型产品的参数、尺寸及有关级差公比，经过计算或作图，可求得系列中其他扩展型产品的参数和尺寸，一般用数据表或线图表示。

计算法可以用公式 $k = k_0 \phi_k^p$ 表示。式中，k 为扩展型参数；k_0 为基型参数（下标为 0）；ϕ_k 为参数级差；p 为扩展型距基型的级数。

当 $p > 0$ 时，求得的是增大的扩展型参数；当 $p < 0$ 时，求得的是缩小的扩展型参数。

若基型参数与尺寸选用优先数，级差又是标准公比，则可用优先数曲线方法作图，求系列扩展型的各参数、尺寸。由于标准公比 $\phi = 10^{1/n}$，优先数 $N = 10^{m/n}$（m 为整数）。若建立优先数的对数坐标，其坐标上等距单位即为公比 ϕ。在此坐标系中取横坐标为长度，纵坐标为其他参数，长度与其他参数的关系线往往为斜率不同的直线，如图 6-4 所示。

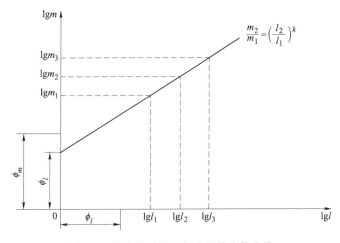

图 6-4 优先数对数坐标中的优先数曲线

$$\phi_m = \phi_l^k \ (k \text{ 为实数})$$

$$\frac{m_2}{m_1} = \left(\frac{l_2}{l_1}\right)^k$$

两边取对数得 $\dfrac{\lg m_2 - \lg m_1}{\lg l_2 - \lg l_1} = k$

【例 6-6】 设计圆柱销系列中各圆柱销的尺寸、面积、体积。要求销长范围为 10 ~ 125mm，12 种规格，长径比 $l/d = 5$。

解：① 长度级差 $\phi_l = (l_n/l_1)^{1/(n-1)} = (125/10)^{1/(12-1)} \approx 1.25$。

② 基型圆柱销设计。

在系列中部选基型销，尺寸取优先数。长度 $l_0 = 40\text{mm}$；直径 $d_0 = l_0/5 = 8\text{mm}$；截面积 $A_0 = \pi d_0^2/4 \approx 50\text{mm}^2$；体积 $V_0 = A_0 l_0 = 2000\text{mm}^2 = 20\text{cm}^2$。

③ 由方程分析法求其他尺寸与参数级差，则

$$\phi_d = \phi_l = 1.25$$
$$\phi_A = \phi_d^2 = \phi_l^2 = 1.6$$
$$\phi_V = \phi_d^3 = \phi_l^3 = 2$$

④ 各扩展型圆柱销的参数见表 6-3。

⑤ 确定全系列产品结构尺寸和参数。根据作图法或计算出的参数、尺寸等进行必要的圆整和标准化处理，以便于加工、装配和维修。在系列各型产品中尽量考虑某些零部件的通用化，这样可以降低成本，缩短加工周期，且便于管理。在基型优化设计的基础上，进一步从全系列优化的角度对有关结构尺寸、参数进行修正，使之性能好、成本低，进而完成全系列的设计。

表 6-3　扩展型圆柱销的参数

类型	有关参数			
	l/mm	d/mm	A/mm^2	V/cm^3
扩展型（缩小）	10	2	4	0.0315
	12.5	2.5	6.3	0.063
	16	3.15	8	0.125
	20	4.00	12.5	0.25
	25	5.00	20	0.5
	31.5	6.30	31.5	1
基型	40	8	50	2
扩展型（扩大）	50	10	80	4
	63	12.5	125	8
	80	16	200	16
	100	20	315	31.5
	125	25	500	63

第三节　模块化产品设计

模块化产品是由一组特定的模块，在一定范围内组成的多种不同功能或相同功能不同性能的系列产品。在这类变型产品系列中模块是通用件，是具有一定功能的零件、组件或部件，模块上具有特定的结合表面和结合要素，以保证组合的互换性和精确度。模块化产品是用少量品种成批生产的模块组成多品种变型产品，它在缩短新产品开发周期、提高质量、降低成本及加强市场竞争能力方面的综合经济效益十分明显。

一、模块的概念

模块是构成系统的、具有特定功能、可兼容、互换的独立单元，是模块化的基础。模块系统的概念始于儿童积木，用一定量不同形状、大小、颜色的积木块可以组合出房子、汽车、家具等多种结构。拼装完成的积木可以看作一个大系统，而其中组成这个大积木的每一个小积木都可以视为一个子系统。每一个小积木都可以独立设计，例如颜色、纹理、材质等。但这个设计并不是随意的，而是建立在一定设计原则上的，这样才能保证小积木可以拼出大积木。在这里积木块就是基本模块，用积木块组成多种结构的方法和原理就是最简单的模块化原理。

尽管模块化已经得到了广泛的应用，但是不同的学者对模块的概念有不同的定义。斯坦福大学经济学教授青木昌彦将模块定义为"半自律性的子系统,可以和其他同样的子系统按照一定规则相互联系而构成更加复杂的系统"。其中的半自律性指的是这个子系统在某个设计规则下可以进行独立设计和创新,并且可以依据某种规则和其他模块相结合,形成更加复杂的系统;国网电力科学研究院的童时中认为模块是一种具有某种确定功能的通用独立单元,并且模块需要具有相互结合的接口以构成产品;厦门大学的侯亮等则将模块定义为具备相同接口但不同功能或性能、可互换的单元。尽管各个学者对模块的定义不完全一致,但从中可以总结出关于模块的一些特点,即模块能实现某种特定的功能,模块具有一定的独立性和互换性,模块能通过接口组成更加复杂的系统等。

1)模块是一个系统的组成部分,是系统分解的产物。例如电动机通过传动部件与车轮相连时,就可以成为四驱车的驱动装置;如果接上扇叶,就组成了一个风扇。所以电动机就是系统的一个组成部分。

2)模块具有独立的功能,可以进行单独的设计或者修改。例如电动机的功能就是把电能转换为机械能,实现其他部件的旋转。通过对电动机绕线圈数和绕线方式的设计可以实现不同级别的转速,适配不同型号的四驱车。

3)模块具有连接的要素,即接口。模块需要和至少一件其他的模块组合才能组成系统,组合是通过接口实现的。例如四驱车是由驱动模块、电源模块、车身模块等模块组合而成的一个系统。而电源模块和驱动模块的接口就是两者之间的铜片。

显然,工程设计中应用的模块是不能完全等同于积木块的。因为机械产品中的模块是需要具有一定功能和结合要素的。结合要素是指模块间连接部位的形状、尺寸、连接件间的配合或啮合参数等,以满足模块相互组合的互换性和精度的要求。各模块虽然性能和结构不同,却能因结合要素的存在而互换。此外,在进行模块结构与外形设计时,要考虑不同模块组合时的协调性。

目前,在各种产品中模块化已得到广泛的应用,如组合机床、多功能机床(在卧式铣床基础上)、工业汽轮机、减速器、汽车、电子设备等。在生产中应用模块系统主要有以下优势:①便于产品更新换代发展变型产品;②缩短设计和供货周期;③提高质量和降低生产成本;④便于维修。

二、模块化设计

模块化设计的核心思想是将系统根据功能分解为若干模块,通过模块的不同组合,可以得到不同品种、不同规格的产品;是将产品上同一功能的单元设计成具有不同性能、可以互换的模块,选用不同模块,即可组成不同类型、不同规格的产品。产品的模块化设计可以以有限种类的标准化零部件实现尽可能多样化的产品,利用模块的标准接口实现产品的快速组合,并利用模块的组合效应满足客户的个性化需求。相比传统的产品研发方式,产品模块化设计具有自身的优势。

1. 模块化设计的特点

1)产品模块化设计是针对某一类具备相同或相似功能的产品进行设计的,而传统的产品设计是针对某一个特定产品进行的。

2)产品模块化设计是依据产品架构组合模块实现从上到下的研发方式,而传统的产品设计方式往往采用自下而上的方式,先设计各个零部件,再进行整合。

3）产品模块化设计是利用通用模块的组合实现产品多样化的，而传统的产品设计方式则是针对具体产品进行特定的设计。

4）产品模块化设计是利用模块的组合进行产品设计，设计过程中要充分考虑模块之间的连接与互换，而传统的产品设计方式尽管也要考虑零部件的组合，但其零部件的组合方式基本上都是特定的。

2. 模块化设计的原则

模块化设计的原则是力求以少数模块组成尽可能多的产品，并在满足用户要求的基础上使产品精度高、性能稳定、结构简单、成本低廉。模块化设计的优点是产品更新换代较快，可以缩短设计和制造周期，可以降低成本，维修方便，必要时可只更换模块。模块化设计时对产品的功能划分及模块设计进行了精心研究。模块化设计用于生产批量较小的系列产品时特别有利。

3. 合理确定产品的系列型谱和参数

以用户的需要为依据，通过市场调查及技术经济可行性分析，确定产品的系列型谱。对于纵系列产品，由于产品的功能及原理方案相同，结构相似，而参数、尺寸有变化，则在其模块化设计时主要考虑随参数变化对系列产品进行划分合理区段，同一区段内模块通用。对于横系列产品，由于它是在基型产品基础上通过添加功能模块来发展的，则在模块化设计时主要考虑如何添加或更换功能模块，以得到扩展功能的同类型产品，即在不改变产品主参数条件下，利用模块发展变型产品。对于跨系列产品，由于包含了具有相近动力参数的不同类型产品，因此，存在两种模块化方式：一是在相同基础件结构上选用不同模块组成跨系列产品，二是基础件不同的跨系列产品中具有同一功能的零部件选用相同功能模块。

4. 产品模块化设计过程

产品模块化设计过程如图6-5所示，可分为模块化产品平台构建、模块化产品平台维护和定制产品模块化设计三大部分。其中，模块化产品平台构建通过产品模块划分及产品模块建模两部分工作实现，完成产品模块化分解过程；模块化产品平台维护则是向平台不断补充产品模块化实例，更新平台相关内容；定制产品模块化设计过程则是基于产品配置设计和模块变型设计实现，将模块按照产品组成原理进行组合，交付满足客户定制化需求的产品。

5. 模块的划分及组合

模块划分是进行产品模块化设计的前提，模块划分的结果对产品的成本、质量等方面有着直接的影响。许多学者对模块划分方法进行了研究，例如程贤福等提出通过独立公理划分产品功能，并构建产品设计关联矩阵，然后利用可拓聚类算法对该矩阵进行聚类运算，最终实现模块划分；高飞等运用广义有向图方法并结合改进的质量屋构建了产品量化模型，并运用模糊聚类算法分析相关模型，完成模块的划分；魏（Wei）等研究了多准则约束下模块划分方法，通过采用改进的多目标进化算法求解多准则模块划分模型，利用模糊集合评价机制寻找最优解，最终得到模块划分结果；乌米达（Umeda）等则从产品生命周期的角度对产品进行模块划分，以产品生命周期相关的各种属性的聚合为基础，实现产品模块的划分；单（Shan）等将改进的粒子群优化算法与设计结构矩阵相结合，通过求解基于公理化设计理论的模块识别函数实现模块划分。

如何合理地划分模块是模块化产品设计中的关键问题。模块种类少，则通用化程度高，加工批量大，有利于降低成本；模块种类多，则柔性大，易于满足产品的各种功能和性能。

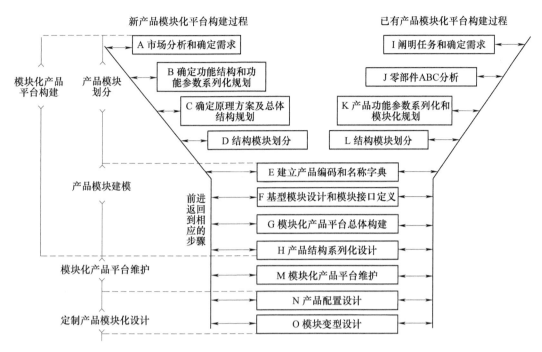

图 6-5 产品模块化设计过程

因此，设计时必须从产品系统的整体出发，对功能、性能和成本等诸多方面进行全面分析，这样才能合理确定模块的种类和数量。

（1）模块的分类 模块化产品中所涉及的模块一般分为两类：一类是功能模块，承载着产品所需的功能；另一类是生产模块，也称为基本模块，是产品生产中的加工单元，是实际使用时拼装组合的模块。它可以是部件、组件或零件，一般以部件作为基本模块应用较多。组件模块可以使部件有不同的功能和性能，有时比更换部件更灵活，而零件作为生产模块灵活性更大。

（2）模块的划分 新产品的模块划分过程在企业尚未进行该类产品的研发与销售的情况下进行。通过市场调研等方式，分析潜在客户对产品的功能、性能、价格等需求，并通过质量功能配置等方法将客户需求转换成产品的功能结构需求，进而确定产品的功能原理以及规划产品的总体方案。随后根据产品功能原理进行结构模块划分，以尽可能少的模块构建尽可能多样化的产品，既满足客户的功能需求又实现产品高质量、低价格等要求。已有产品的模块划分同样也是从产品的需求分析开始，不同的是需求的获取是基于企业对以往大量订单的分析以及对未来产品趋势预测的。

划分模块的出发点是功能分析。目前模块的实际划分主要按部件进行，以保证模块有较高的独立性和完整性，便于结合与分离，容易保证装配质量，生产管理变动较小。划分模块时，对模块按不同的级别进行分级，低一级模块组合便成为高一级模块。图 6-6 所示为复合产品系统的功能模块的划分。

功能模块一般划分为四大类：基本模块具有最基本的功能，常常为反复使用的基础模块；辅助模块是协助基本模块完成工作的模块；特殊模块为完成某种特殊功能的模块；适应模块是具体完成辅助功能的模块。例如对车床的功能模块划分时，根据功能分析可以建立车

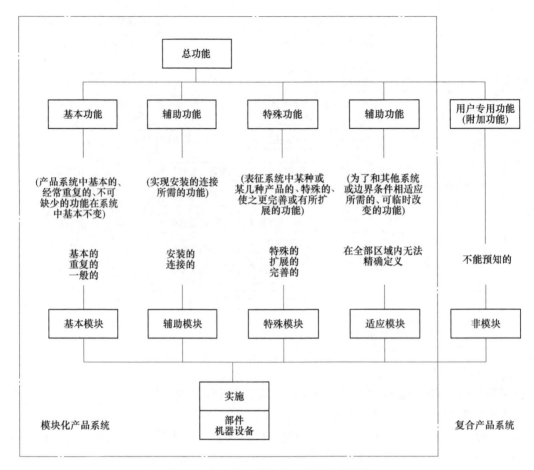

图 6-6　复合产品系统的功能模块的划分

床的功能结构图如图 6-7 所示，则其相应的功能模块图如图 6-8 所示。

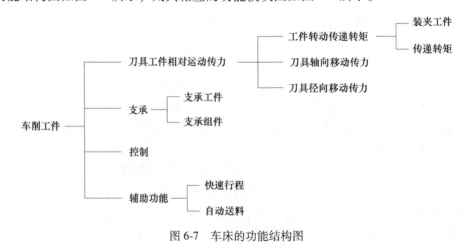

图 6-7　车床的功能结构图

在进行模块划分时需注意以下几个方面：①注意模块在整个系统中的作用及其更换的可能性和必要性；②注意保持模块在功能及结构方面的一定独立性与完整性；③模块间的结合

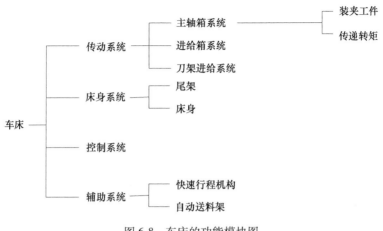

图 6-8　车床的功能模块图

要素要便于连接及分离；④模块的划分不能影响系统的主要功能。

（3）模块的组合　产品模块化设计中要考虑模块如何组合、组合产品的种类等，以求用较少类模块组合成更多不同功能和性能的变型产品。

模块系统的组合方式一般有两种。

一种是由模块可以得到无限多组合的开式模块系统。对于开式模块系统，可按其自己的特点进行模块组合，没有必要计算总组合数。例如我们常使用的块规系统是由尺寸不同的块规（模块）组成的标准长度度量系统，只要有足够多的块规，就可以组成任意不同的长度。又如碟形弹簧是一种变刚度的弹性元件，利用碟形弹簧（相同模块）可以组成不同的弹簧组。

另一种是由一定种类模块组成有限数组合的闭式模块系统。对于闭式模块系统，可根据有关数学关系式分析模块的理论组合数。实际组合时要考虑使用要求、工艺可能及相容关系，因此，其实际组合数小于理论组合数。常用的模块排列组合数的分析如下。

1）N 种模块中每次取出 k 个不同模块的组合数为

$$A = C_N^k = \frac{N!}{k!\ (N-k)!} = \frac{N(N-1)(N-2)\cdots(N-k+1)}{k!}$$

2）N 种模块中每次取出 k 个不同模块或相同模块的组合数为

$$A = C_{N+k-1}^k = \frac{(N+k-1)(N+k-2)\cdots N}{k!}$$

3）N 种模块中每次取出 k 个不同模块构成的排列数为

$$A = C_N^k k!\ = N(N-1)(N-2)\cdots(N-k+1)$$

或

$$A = \frac{N!}{(N-k)!}$$

4）N 种模块中每次取出 k 个不同或相同模块构成的排列数为

$$A = N^k$$

5）N 种模块的全排列数（全排列 $k = N$）为

$$A = N!$$

6）系统的综合组合数。系统由 n 部分组成，每部分有不同的模块 p_1，p_2，…，p_n 种，系统的综合组合数为 P，则

$$P = p_1 p_2 p_3 \cdots p_n$$

三、模块化产品的设计步骤

模块化产品设计的出发点是用少量模块组成多种产品，最经济地满足多种要求。其基本的设计步骤如图 6-9 所示。

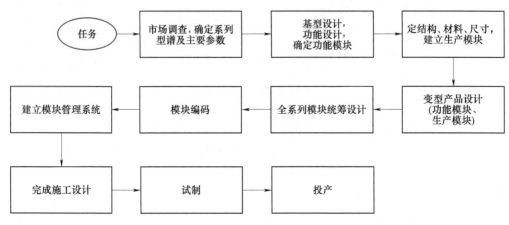

图 6-9　模块化产品的设计步骤

在模块化产品设计时，应在进行充分的市场调查与用户访问的基础上做好产品的规划，通过功能分析来展开产品模块的划分，精心进行模块的设计。特别要注意模块系统中模块之间要连接方便可靠，结合部位的形状、尺寸、配合精度等要素应尽量符合标准，且便于加工装配。要重视模块系统技术文件的编制，包括编制模块组合与配置各类产品的关系表，编制所有产品的模块组和模块目录表，编制系列通用的制造和验收条件、合格证明书及装箱单，编制模块式的使用说明，以适应不同产品、不同模块的需要。

四、模块的计算机管理系统

先进的模块系统不但可采用计算机辅助设计，而且可用计算机进行管理。通过计算机辅助管理能更好地体现模块化设计的优越性。

1. 工作目标

模块产品的计算机管理系统应按用户要求，给出现有模块最多可组合的产品数；对于用户的某一给定的设计要求，能分析是否存在一种有效的组合使之满足要求；在满足要求的几种模块组合中进行评价，并选择给出最佳的一种组合方案；若无有效的模块组合来满足用户要求，则为新的模块设计提供信息；最后给出已选方案的模块组装图、明细表及价格表。

2. 系统组成

模块产品的计算机管理系统主要由数据管理分系统、会话分系统、分析分系统和图形分系统 4 部分组成。

1）数据管理分系统具有存储功能，既可存放各种模块的编码、参数、尺寸、材料等有

关基本数据，也可存储用户的设计要求、设计结果及其他中间数据资料，同时该分系统还具有检索各项有关数据的功能。

2）会话分系统主要是通过人机对话，由输入接口接受用户提出的设计要求，由输出接口向用户报告提出的要求是否合理，还需要提哪些要求，并汇报设计结果。

3）分析分系统应具有逻辑分析功能，对用户要求进行检验；检验通过后进行选择并组合模块，开展强度、刚度、精度、质量、成本等的计算和分析；对组合方案进行技术经济评价，选择符合要求的最佳方案，并输出其分析结果。

4）图形分系统具有图形和文字的存储、绘制、编辑及显示功能，根据需要可绘制显示单个模块图形或组合模块系统的图形。

五、设计举例

【例 6-7】　外圆磨床是用以实现各种轴类、盘类及异形件外圆磨削的精加工和半精加工金属切削加工设备。根据市场发展与用户需求变化的态势，利用模块化设计的思想建立一个具有高适应性（柔性）和功能多变性特点的基型产品，在综合分析用户需求的基础上进行模块化系列产品设计，建立通用和专用的零部件（即单元模块、功能模块），从而可以迅速组合形成各种规格与性能的外圆磨床产品。

解：1）根据外圆磨床的工作特点，以功能分析为基础，对外圆磨床进行功能分析，如图 6-10 所示。

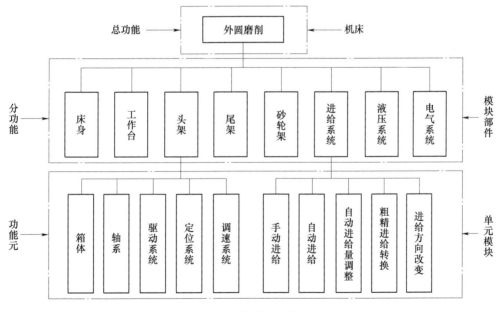

图 6-10　外圆磨床的功能分析图

2）确定基型产品。

根据市场调查、技术预测、品种规划及功能分析，基于外圆磨床应具有外圆磨床的基本形式、基本加工性能和万能性、适当的自动化程度、最高的加工精度特性和适当的磨削规格等原则，确定以最大磨削直径和长度为 200mm 和 500mm 的高精度半自动万能外圆磨床为基型产品。

3）基型产品的模块化。

现代工业发展所需要的是高精度、高效率切入式外圆磨床。因此，在基型产品上进行模块化设计，首先要考虑到切入式外圆磨床是在机床工作台不动的情况下，工件回转、砂轮架连续进给（切入）直接磨削到规定尺寸的机床；其次要注意到最大磨削长度的不同需求，以及最大磨削直径按规定的系列化发展的实际。综合各方面的因素，对于外圆磨床的模块化，既要考虑按规定的磨削长度间隔来发展品种的纵系列模块，以及发展具有不同需求磨削功能的横系列模块，又要考虑按磨削直径系列化发展跨系列模块。

本基型产品纵向发展的磨削长度为 350mm、750mm、1000mm；从最大磨削直径为 200mm 跨入最大磨削直径为 320mm。

4）建立模块和模块组合。

外圆磨床模块化设计以建立单元模块为基础，由单元模块按互换方式在基础件模块上组成不同的功能模块。单元模块设定的原则：一是按机床的特性分解单元模块，二是单元模块应具有独立性，三是模块之间的"接口"要标准化，四是建立基础件模块，五是单元模块应考虑新技术应用的可能性。外圆磨床主要模块的分解如图 6-11 所示。此外砂轮修整器模块在图中未画出。

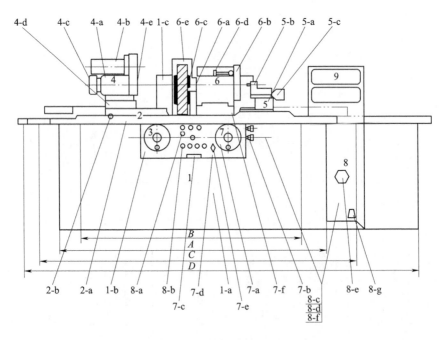

图 6-11　外圆磨床主要模块的分解

1—床身模块　2—工作台模块　3—工作台手驱动模块　4—头架模块　5—尾架模块
6—砂轮架模块　7—横向进给系统模块　8—液压系统模块　9—电气系统模块

① 床身模块。

1-a 床身模块：设立 350mm、500mm、750mm、1000mm 共 4 种单元模块。

1-b 操纵箱模块：设立手动型、半自动型和自动切入型 3 种单元模块。

1-c 后挡水板模块：设立窄型和宽型两种单元模块。

② 工作台模块。

2-a 工作台模块：设立 350mm、500mm、750mm、1000mm 共 4 种模块。

2-b 调锥度模块：适应所有变型的机床。

③ 工作台手驱动模块。

该模块由驱动机构模块及手、液动互锁模块组成。其中手、液动互锁模块可根据机床不同的性能要求选取。

④ 头架模块。

4-a 箱体模块：适应所有变型机床。

4-b 传动模块：设立有级变速和无级变速两种。

4-c 主轴系模块：设立无轴承系、滑动轴系和滚动轴系 3 种。

4-d 底座模块：设立基型和加高型两种。

4-e 连接工件模块：设立顶尖、自定心卡盘、单动卡盘、花盘、弹性接盘等多种单元模块。

⑤ 尾架模块。

5-a 底座模块：设立基型底座和加高型底座两种。

5-b 滑座模块：适应所有变型机床。

5-c 校正锥度模块：设立手动校正和自动校正两种。

⑥ 砂轮架模块。

6-a 箱体模块：设立基型箱体和后仿型修整箱体两种。

6-b 传动模块：设立基型传动功率和加大传动功率两种。

6-c 主轴系模块：设立动压轴承系和滚动轴承系两种。

6-d 移动驱动模块：设立基型和加高型两种。

6-e 砂轮罩模块：设立基型，左、右后仿修整型 3 种。

⑦ 横向进给系统模块。

7-a 手轮传动模块：设立手动、液压驱动、电气驱动进给。

7-b 自动进给量及精磨量调整模块：适于半自动的所有外圆磨床。

7-c 中间轴模块：设立基型和自动补偿型两种。

7-d 弹性轴模块：它是前、后进给装置的连接件。

7-e 改变传动方向模块：适用于所有变型机床。

7-f 上下滑座模块：适用于全系列所有变型机床。

⑧ 液压系统模块。

8-a 主控制阀模块：设立手动和自动控制两种。

8-b 自动进给阀模块：适用于所有半自动或全自动变型机床。

8-c 自动修整循环控制阀模块：适用于带后仿型修整性能的各类切入式外圆磨床。

8-d 自动测量仪控制阀模块：适用于带自动测量控制磨削的机床。

8-e 放气阀模块：适用于全系列所有变型机床。

8-f 液压筒模块：按磨削长度分 4 种单元模块。

8-g 油箱模块：适用于所有变型机床。

8-h 油路模块：根据选用各种阀模块连接起来的管路（置于床身内部，图中未标出）。

⑨ 电气系统模块。

设立手动型、半自动型、切入型（带自动修整循环）三大系统功能模块。

⑩ 砂轮修整器模块。

设立后仿型修整器、前仿行修整器及手动成形修整器10多种单元模块。

外圆磨床的模块组合如图6-12所示。可组成不同规格的各类产品112种。

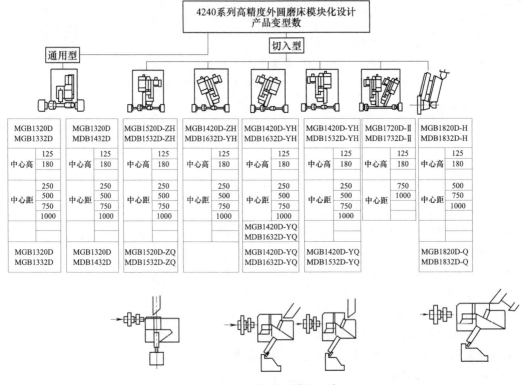

图 6-12　外圆磨床的模块组合

13—外圆式　14—万能式　15—直切入型　16—斜切入型　17—多砂轮直切入型　18—多片砂轮切入型

Q—前仿型　H—后仿型　Z—左装砂轮型　Y—右装砂轮型

5）技术文件的编制。

外圆磨床模块化产品设计的技术文件编制主要如下。

① 编制模块组合与配制机床产品的关系表。主要内容包括全系列的单元模块、各种机床使用单元模块的品种与数量。根据这个汇总表，将各单元模块的零件、标准件、外购件输入计算机，就可由计算机编制出相应的汇总表。

② 编制机床产品的功能模块和单元模块目录表。主要内容包括要标明机床由哪些功能模块和单元模块组成，而且还要标明功能模块是由哪些单元模块组成，以便用于指导模块化方法编制的工艺汇成整台机床的总装工艺和配套卡片。

③ 合编系列通用的制造与验收技术条件、合格证明书及装箱单。

④ 使用说明书的模块编制。按使用说明书的要求，分别设立：机床用途、机床参数、

机械传动、液压传动、电气原理及控制、冷却系统、气动系统、润滑系统、安装、操作循环、故障排除、维修保养、附件等10多个项。每项设立一种或多种单元模块，以适应各种各样变型机床或专用机床的说明需要。

【学习延读】

    在现代市场经济条件下，变型产品的设计成为提高企业产品竞争力的关键因素之一。产品作为企业面对市场的直接沟通载体，一个具有特征鲜明的产品有利于提升产品形象和企业形象，对于企业而言这不仅可以巩固市场既有份额，而且还能开辟一个新的需求市场。此外，现代市场是以消费需求至上的，企业要想赋予产品更好的市场竞争力，在设计起始阶段必须围绕消费者的需要展开设计。从市场营销的角度看，变型设计是一种市场服务，可用来满足消费者的需要并实现企业的经营目的。变型设计应当从消费者角度出发，给消费者带来某种效用和利益，是一种需要的满足。

    由此我们应该看到，变型产品的设计是随着社会生产力发展和人民生活水平提高对物质需求的广泛与不断变化应运而生的。2017年10月18日，习近平总书记在十九大报告中明确指出："中国特色社会主义进入新时代，我国社会主要矛盾已经转化为人民日益增长的美好生活需要和不平衡不充分的发展之间的矛盾。"消费不仅是人们对物质精神生活的享受，更是实现和提升人自身价值的手段。14亿中国人追求美好生活的强烈愿望，是扩大消费需求、促进经济发展的不竭动力。

    人们的需求不是抽象的，而是历史的、具体的。有什么样的生产力水平和社会历史发展阶段，相应地就会产生什么样的需要或需求。因此，变型设计要以辩证发展的思想为引领，以人们和社会的需求为使命，运用科学的理论和方法，设计出人民日益增长的美好生活所需要的产品。

企业家精神

思 考 题

1. 什么是变型产品设计？
2. 变型产品的特点和类型是什么？
3. 什么是相似系列产品？
4. 相似系列产品的设计要点是什么？
5. 什么是模块化设计？
6. 模块化产品的设计要点是什么？
7. 怎样把变型产品的设计更好地运用到当今社会发展中？

参 考 文 献

［1］邹慧君. 机械系统设计原理［M］. 北京：科学出版社，2003.

［2］唐林，邹慧君. 机械产品方案的现代设计方法及其发展趋势［J］. 机械科学与技术，2000，19（2）：
192-196.

［3］余雷，龚建成，喻全余. 基于功能原理的机械方案中的机构创新设计［J］. 安徽工程科技学院学报，
2003，18（2）：59-62.

［4］丁俊武，韩玉启. 现代产品设计理论研究综述［J］. 机械制造，2005（12）：8-10.

［5］刘仁鑫，马文烈. 现代工程设计理论方法及其应用［J］. 农机化研究，2005（5）：201-203.

［6］殷国富，干静. 面向信息时代的机械产品现代设计理论与方法研究进展［J］. 四川大学学报（工程科学版），2006，38（5）：38-47.

［7］黄万，王东林. 机械设计中的创新［J］. 机械设计与制造，2004（5）：51-52.

［8］谈理，刘瑾. 机械设计方案的模糊评估系统的研究［J］. 机械设计，2006，23（4）：7-9.

［9］沈惠平. 机械创新设计及其研究［J］. 机械科学与技术，1997（5）：43-47.

［10］刘晓旭，陈敏. 机械产品绿色设计理念［J］. 机械设计，2005，22（11）：1-2.

［11］邹慧君. 机械创新设计理论与方法［M］. 2版. 北京：高等教育出版社，2018.

［12］张鄂，张帆. 现代设计理论与方法［M］. 3版. 北京：科学出版社，2019.

［13］闻邦椿. 产品设计方法学：兼论产品的顶层设计与系统化设计［M］. 北京：机械工业出版社，2011.

［14］曲庆文. 主动摩擦学设计方法［J］. 润滑与密封，2003（6）：12-14.

［15］谢里阳. 现代机械设计方法［M］. 3版. 北京：机械工业出版社，2019.

［16］臧勇. 现代机械设计方法［M］. 2版. 北京：机械工业出版社，2011.

［17］朱文坚，刘小康. 机械设计方法学［M］. 2版. 广州：华南理工大学出版社，2006.

［18］闻邦椿，刘树英，郑玲. 系统化设计的理论和方法［M］. 北京：高等教育出版社，2017.

［19］秦忠. 降低产品成本的设计方法［J］. 机电产品开发与创新，2012，25（5）：28-29.

［20］蔡军. 面向设计阶段的成本管理研究［D］. 长沙：中南大学，2011.

［21］苏为华. 多指标综合评价理论与方法问题研究［D］. 厦门：厦门大学，2000.

［22］李远远，云俊. 多属性综合评价指标体系理论综述［J］. 武汉理工大学学报（信息与管理工程版），
2009，31（2）：305-308.

［23］SMITH S YEN C C. Green product design through product modularization using atomic theory［J］. Robotics and computer-integrated manufacturing，2010，26（6）：790-798.

［24］苏建宁，赵鑫鑫，景楠，等. 模拟设计思维过程的产品意象形态设计研究［J］. 图学学报，2018，
39（3）：547-552.

［25］曹艺. 技术系统自组织进化的动力机制研究［D］. 哈尔滨：哈尔滨工业大学，2020.

［26］艾凉琼. 论技术系统的自组织性［J］. 系统科学学报，2006，14（3）：74-77.

［27］周华任，姚泽清，杨满喜. 系统工程［M］. 北京：清华大学出版社，2011.

［28］王晶. 建筑智能环境系统原理及系统工程方法的研究［D］. 西安：长安大学，2014.

［29］迟筱雯. 基于组件单元的产品创新设计功能分析方法研究［D］. 济南：济南大学，2016.

［30］卢希美，张付英，张青青. 基于TRIZ理论和功能分析的产品创新设计［J］. 机械设计与制造，
2010（12）：255-257.

［31］吕瑟. 基于功能分析与TRIZ集成的产品创新设计研究与应用［D］. 广州：广东工业大学，2016.

［32］李丹丹．功能分析与设计过程复杂性集成太阳能除尘系统研究［D］．天津：河北工业大学，2019．

［33］檀润华，苑彩云，曹国忠，等．反向鱼骨图下的现有产品功能模型建立［J］．工程设计学报，2003（4）：197-201．

［34］刘君泉．基于本体设计决策的变型设计方法研究［D］．兰州：兰州交通大学，2020．

［35］李建春．有关优先数系的讨论［J］．机电产品开发与创新，2010，23（5）：25-27．

［36］王炳琴，黄志源．解读优先数系在《互换性与测量技术》课程中的应用［J］．教育教学论坛，2013（3）：106-107．

［37］于日照．基于相似理论枸杞组合干燥过程研究［D］．银川：宁夏大学，2019．

［38］赵冰春．基于相似理论的典型大气边界层流动的数值模拟研究［D］．广州：广东工业大学，2016．

［39］王朝阳．基于MBD开发方法的高精度快速响应伺服系统设计［D］．青岛：青岛大学，2021．

［40］陈盼盼．基于模型设计的串联机器人运动控制系统研究［D］．合肥：合肥工业大学，2019．

［41］佘超．基于模型设计的电动汽车永磁同步电机无速度传感器控制策略的研究［D］．北京：北京交通大学，2018．

［42］谢卓．基于模块化设计方法的产品创新设计研究［D］．南京：南京理工大学，2020．

［43］戴希谦．基于模块化的W公司智能锁新产品研发流程改善研究［D］．杭州：浙江大学，2022．

［44］程贤福，陈诚．基于设计关联矩阵与可拓聚类的产品模块划分方法［J］．机械设计，2012，29（1）：5-9．

［45］WEI W, LIU A, LU S, et al. A multi-principle module identification method for product platform design［J］. Journal of Zhejiang University（applied physics & engineering），2015，16（1）：1-10.

［46］YASUSHI U, SHINICHI F, KEITA T, et al. Product modularity for life cycle design［J］. CIRP annals（manufacturing technology），2008，57（1）：13-16.